AF311977

BIBLIOTHÈQUE DU JARDINIER

PUBLIÉE

AVEC LE CONCOURS DU MINISTRE DE L'AGRICULTURE

PELARGONIUM

Orléans, imprimerie de Georges JACOB, cloître Saint-Étienne, 4.

CULTURE

DES

PELARGONIUM

Par THIBAUT

HORTICULTEUR

DEUXIÈME ÉDITION

PARIS

LIBRAIRIE AGRICOLE DE LA MAISON RUSTIQUE

26, RUE JACOB, 26

1867

AVERTISSEMENT

Afin de compléter autant que possible ce traité de la culture des *Pelargonium,* j'ai cru devoir recourir à la coopération de M. Naudin, botaniste distingué, et un de nos écrivains horticoles les plus connus. J'ai pensé, en effet, que beaucoup de lecteurs ne se contenteraient pas des seuls détails de culture que ma pratique me met en état de leur donner, et qu'ils seraient en outre bien aises de se former une idée, non seulement du genre, mais de la famille tout entière à laquelle ces plantes appartiennent. A ces détails botaniques M. Naudin en a ajouté d'autres sur la climatologie de l'Afrique australe, patrie des *Pelargonium* et des Bruyères, qu'on lira, je l'espère, avec intérêt. Les réflexions par lesquelles il termine son travail me paraissent établir suffisamment que les plantes

soumises à une longue domestication perdent graduellement la robusticité dont elles étaient douées
à l'état sauvage, et que, dans leur culture, il importe souvent de tenir bien plus de compte des
procédés suggérés par l'expérience que des conditions climatériques de leur pays natal, auxquelles
leur constitution n'est plus adaptée. Cette opinion
d'un homme si compétent en fait de physiologie
végétale me confirme dans la mienne, et m'en-
hardit à proposer aux floriculteurs la théorie que
je me suis faite, relativement à la culture de ces
plantes. Il ne me reste donc plus qu'à lui adresser
mes remercîments pour la manière dont il s'est
acquitté de sa tàche, et à solliciter, pour mon
propre compte, la bienveillance de mes lecteurs.

THIBAUT.

CONSIDÉRATIONS GÉNÉRALES

SUR

LA FAMILLE DES GÉRANIACÉES

Caractères des différents genres qui la composent ; espèces remarquables,
distribution géographique, etc.

La petite famille des Géraniacées, à laquelle appartient le genre *Pelargonium* qui va faire l'objet de cet opuscule, compte, dans l'état actuel de la science, près de 700 espèces. Étrangère aux régions froides des hautes latitudes, elle ne l'est guère moins aux contrées brûlantes que circonscrivent les tropiques. Pour l'un comme pour l'autre hémisphère, c'est dans la moitié la plus chaude de la zone tempérée que ses représentants sont le plus nombreux. Quelques-uns se montrent déjà sur les confins de l'Europe septentrionale : ils abondent dans la région méditerranéenne, le nord de l'Afrique, l'Asie orientale et le nord de l'Inde ; les côtes méridionales de l'Australie, la Tasmanie et la Nouvelle-Zélande en possèdent aussi quelques-uns ; mais c'est surtout dans la région la plus australe de l'Afrique, la colonie du Cap et les pays voisins, que se cantonne le gros de la famille. D'autres espèces, mais en bien moindre nombre, se retrouvent, comme égarées, dans le nord et dans le sud du continent américain ; celles qui s'avancent entre les tropiques appartiennent à peu près exclusivement aux grandes chaînes de montagnes, sur lesquelles elles s'élèvent d'autant plus haut qu'elles s'approchent davantage de l'équateur.

Quelque nombreuses que soient les espèces de la famille des Géraniacées proprement dites, elles ne forment cependant que quatre genres, mais qui sont très-naturels, les genres *Monsonia, Geranium, Erodium* et *Pelargonium*. On en a rapproché, il est vrai, quelques autres, tous américains, tels que les *Rhynchotheca, Ledocarpus, Wendtia, Viviania,* etc., mais qui, malgré des analogies plus ou moins sensibles, s'écartent trop en réalité du type essentiel de la famille pour pouvoir leur être réunis. Beaucoup d'auteurs, en effet, les considèrent pour la plupart comme constituant de petites familles secondaires (les *Rhynchothécées, Lédocarpées, Vivianiées*), qui forment comme le passage des Géraniacées vraies aux Linées et aux Oxalidées.

I.

Caractères généraux.

En nous bornant à ne considérer que les Géraniacées proprement dites, nous leur assignerons les caractères suivants :

Plantes herbacées ou suffrutescentes, n'atteignant jamais aux proportions et à la consistance de véritables sous-arbrisseaux, annuelles ou vivaces, et, dans ce dernier cas, conservant leurs feuilles en toute saison, offrant la plus grande diversité de port et de *facies ;* quelquefois acaules et à racine tubéreuse. Tiges plus ou moins ra-

mifiées, articulées, renflées et cassantes aux articula-
tions, succulentes et charnues dans quelques espèces.
Feuilles pétiolées, stipulées, alternes ou opposées, et
alors très-souvent inégales, simples ou composées,
mais fréquemment arrondies ou réniformes et palmatinervées, avec des lobes plus ou moins profonds,
généralement dentées sur leur contour. Fleurs herma-
phrodites, régulières ou irrégulières, 5-mères, toujours
pédonculées, très-rarement solitaires, généralement rap-
prochées en ombelles biflores ou multiflores au sommet
d'un pédoncule commun dont l'insertion est axillaire ou
oppositifoliée, quelquefois alaire, c'est-à-dire située
dans l'angle d'une dichotomie. Calice infère, persistant,
formé de 5 sépales ovales aigus, libres ou légèrement
soudés entre eux, égaux dans les fleurs régulières, inégaux dans les fleurs irrégulières, où celui qui regarde
l'axe de l'inflorescence se prolonge, à sa base, en un
long éperon entièrement soudé avec le pédicelle de la
fleur qui en dissimule ainsi la présence. Corolle tantôt
régulière, tantôt irrégulière, et rappelant par sa forme
générale celle de la Pensée des jardins, à pétales égaux
ou inégaux, aigus ou arrondis, alternant avec les pièces
du calice, présentant, suivant les espèces, toutes les
nuances du rose, du rouge, du pourpre ou du violet,
quelquefois blancs par décoloration, rarement jaunes,
jamais bleus. Étamines hypogynes, au nombre de 5,
de 10 ou de 15, toutes fertiles ou en partie avortées, libres ou soudées entre elles par leurs filets qui
sont membraneux et aplatis, à anthères oblongues, bi-
loculaires, dressées, s'ouvrant du côté interne par deux
fentes longitudinales. Ovaire libre, à 5 lobes plus ou
moins profonds, 5-loculaire, formé de 5 carpelles
adossés et soudés à un gynophore central qui se pro-

longe en forme de colonne et qu'on doit considérer
comme un développement exagéré de l'axe de la fleur.
Ovules au nombre de 2 dans chaque loge, semi-ana-
tropes, l'un ascendant, l'autre pendu, insérés dans
l'angle central de la loge, soit sur le gynophore lui-
même, soit plutôt sur la suture des bords carpellaires.
Styles soudés d'abord avec le gynophore qu'ils dépassent, puis entre eux jusqu'à leurs stigmates qui restent
libres et divergent en rayonnant. Fruits capsulaires, se
divisant à la maturité en 5 capsules partielles, monospermes par l'avortement d'un des deux ovules, et qui,
détachés avec élasticité du réceptacle, restent suspendus
à la colonne centrale (gynophore) par leurs styles, dont
la partie supérieure continue à adhérer à cette même
colonne, tandis que leur partie inférieure se roule en
dehors, entraînant avec elle le carpelle dont ils sont la
continuation. Graines irrégulièrement trigones, à testa
crustacé, sans périsperme. Embryon courbé sur lui-
même, à radicules coniques, à cotylédons développés,
foliacés, quelquefois pinnatifides.

II.

Propriétés et usages des Géraniacées.

Sans avoir une grande importance au point de vue
de l'utilité, la famille des Géraniacées a cependant quelques usages dans l'économie domestique, l'industrie et
la médecine. Son caractère le plus général, sous ce
rapport, est de contenir, en des proportions variables
suivant les espèces, des principes astringents, tels que
le tannin et l'acide gallique, auxquels se mêlent des
résines, des huiles essentielles et une certaine dose de

mucilage. L'ancienne pharmacopée employait en qualité de toniques et d'astringents quelques-unes de nos espèces indigènes (*Géranium Robertianum, sanguineum, pratense, tuberosum, striatum, nodosum,* etc.), dont l'usage encore conservé dans quelques officines du midi de l'Europe, est tombé ailleurs en désuétude. En Amérique, on se sert avec quelque avantage des *Geranium maculatum, mexicanum* et *Hernandesii* pour combattre la dyssenterie et quelques autres affections de l'appareil intestinal.

Ces diverses propriétés sont plus prononcées dans les *Pelargonium* de l'Afrique, ce qui tient peut-être à ce qu'ils croissent sous des climats plus chauds. Ce qui domine en eux, c'est surtout le principe aromatique, qui est même tellement développé dans les *P. roseum* et *capitatum,* que ces deux espèces, la seconde surtout, qu'on désigne vulgairement sous le nom de *Géranium rosat,* sont exploitées avec bénéfice, tant en Provence et en Espagne qu'en Algérie, comme plantes à essence. Les *P. cucullatum* et *antidysentericum* jouent encore un grand rôle, au cap de Bonne-Espérance, dans la médecine locale, comme spécifique de la dyssenterie et des diarrhées chroniques qui ont pour cause l'atonie des voies digestives. Quelques peuplades cafres et hottentotes recueillent les tubercules du *P. triste,* dont elles se font un aliment. On dit que les tiges et les rameaux du *Monsonia spinosa* sont tellement imprégnés d'une espèce de résine balsamique qu'on s'en sert, là où cette plante est commune, pour en faire des torches et des flambeaux.

Toutefois, le grand usage des Géraniacées, celui qui est capital aux yeux des horticulteurs de tous les pays, c'est de fournir à nos jardins un de leurs plus beaux ornements, et de devenir ainsi une des branches les plus lucratives du commerce des fleurs. Tout le monde sait le parti que nous tirons d'un grand nombre de Géraniacées indigènes ou exotiques pour la décoration des parterres, et il n'est aucun amateur de belles plantes qui ne reconnaisse que nos *Pelargonium* actuels, si merveilleusement multipliés et embellis par l'art des jardiniers, en constituent un des plus remarquables progrès. Les collections de *Pelargonium* vont aujourd'hui de pair avec celles des Camellias, des Rhododendrons et des Azalées, c'est-à-dire qu'elles sont au premier rang, parmi les innombrables produits de la floriculture, cette industrie en quelque sorte née d'hier, mais qui, par l'importance des transactions auxquelles elle donne lieu, balance déjà les industries de luxe les plus florissantes.

III.

Distribution en genres et en espèces.

I. — Erodium, Lhérit.

Fleurs régulières ou à peine plus développées d'un côté que de l'autre, à 5 sépales égaux, dont aucun ne se prolonge en éperon. Étamines 10, à filets légèrement monadelphes, dont 5, opposés aux pièces du calice, sont anthérifères et fertiles, et 5, opposés à celles de la corolle, sont dépourvus d'anthères, mais munis d'une petite glande du côté intérieur, près de leur base. Styles velus du côté interne, se roulant en spirale au moment de la maturité, lorsque les carpelles, qu'ils entraînent avec eux, se détachent du gynophore. — Les *Erodium* sont généralement herbacés ; à feuilles indifféremment opposées ou alternes suivant les espèces, pinnatifides ou pinnatiséquées, d'autres fois simplement lobées ou crénelées ; à fleurs presque toujours réunies en ombelles au sommet d'un pédoncule commun, presque jamais solitaires. On en connaît aujourd'hui une cinquantaine d'espèces, dont deux (*E. millefolium, E. Moranense*) sont propres aux hautes montagnes du Pérou et du Mexique ; deux autres (*E. incarnatum, E. Arduinum*) ont été signalées au cap de Bonne-Espérance. Toutes les autres appartiennent à l'Europe, à l'Afrique septentrionale et à l'Asie occidentale, c'est-à-dire plus particulièrement à ce que l'on est convenu d'appeler la région méditerranéenne. Une quinzaine se rencontrent sur le territoire français.

II. — GERANIUM, Lhérit.

Fleurs très-régulières, sans éperon. Étamines 10, toutes anthérifères et fertiles, mais alternativement plus grandes et plus petites ; les 5 grandes portant chacune une glande près de leur base. Styles glabres du côté interne, se roulant en spirale à la maturité des fruits, comme dans le genre précédent et dans les suivants. — Plantes presque toujours herbacées, très-rarement suffrutescentes, annuelles ou vivaces, à feuilles généralement palmatinervées, lobées ou incisées de diverses manières, quelquefois palmatipartites ou composées. Fleurs roses, pourpres, ou d'un violet plus ou moins foncé, solitaires ou réunies au nombre de deux au sommet d'un pédoncule commun. — Plus de 70 espèces de *Geranium* sont aujourd'hui connues ; l'aire géographique qu'elles occupent est beaucoup plus vaste que celle des *Erodium ;* elle s'étend, dans le Nouveau-Monde, du détroit de Magellan au Canada, et, dans l'ancien, de l'Europe à la Nouvelle-Hollande, et du cap de Bonne-Espérance au Kamtschatka. C'est néanmoins dans le midi de l'Europe et les régions moyennes de l'Asie que les espèces se montrent le plus nombreuses. Nous en comptons une vingtaine en France, dont quelques-unes (*G. sanguineum, G. phœum, G. tuberosum*, etc.) sont admises dans les jardins à titre de plantes d'ornement. Les *G. nodosum* et *tuberosum* sont remarquables par la présence d'un rhizome tubériforme ou bulbeux.

III. — MONSONIA, Linn. fils

Fleurs régulières, dépourvues d'éperon. Sépales aigus, mucronés au sommet. Étamines au nombre de 15, monadelphes, ou, plus fréquemment, pentadelphes, c'est-à-dire réunies trois à trois en cinq faisceaux distincts. Fruits semblables à ceux des genres précédents. — Plantes herbacées ou suffrutescentes, inermes ou épineuses, quelquefois charnues ; à feuilles ovales ou arrondies, diversement lobées ou palmatipartites, quelquefois entières ou à peine dentées ; à pédoncules le plus souvent uniflores, plus rarement biflores, portant ordinairement vers le milieu de leur longueur de 2 à 8 bractéoles verticillées. On n'en connaît que 10 à 12 espèces, dont quelques-unes appartiennent à la Sénégambie et à l'Arabie-Pétrée ; les autres, en plus grand nombre, sont du cap de Bonne-Espérance ; une de ces dernières, le *M. speciosa*, est fréquemment cultivée dans les jardins botaniques.

IV. — PELARGONIUM, Lhérit.

Fleurs toujours plus ou moins irrégulières. Calice à 5 divisions profondes, souvent un peu inégales, la postérieure se prolongeant tout à fait à sa base en un éperon creux, nectarifère, de longueur variable suivant les espèces, toujours intimement soudé et comme confondu avec le pédicelle de la fleur, et dont l'ouverture se voit au fond du calice. Pétales au nombre de 5, quelquefois réduits par avortement à 4 ou à 2, onguiculés, obtus et caducs. Étamines 10, plus ou moins manifestement monadelphes, à filets comprimés, subulés, réfléchis au sommet, dont 5, opposés aux pièces de la corolle, sont ordinairement plus courts que les cinq autres, et assez souvent stériles (sans anthère) en totalité ou en partie. Anthères oblongues, 2-loculaires, incombantes, s'ouvrant longitudinalement par deux fentes. Ovaire constitué, comme dans les genres précédents, de 5 carpelles biovulés, appliqués sur la base du gynophore central, avec lequel leurs styles s'agglutinent et qu'ils dépassent en restant libres au-dessus de lui. Capsule à 5 loges, se séparant à la maturité en autant de coques monospermes qui restent supendues à l'extrémité inférieure des styles, séparés du gynophore et roulés en spirale comme ceux des *Erodium*. Graine trigone, à testa crustacé, sans périsperme, renfermant un embryon plié sur lui-même et dont les cotylédons sont foliacés et enroulés.

Les *Pelargonium* sont des plantes généralement vivaces (toutes peut-être), offrant la plus grande diversité dans leur port. Les unes sont acaules, à rhizomes souvent bulbiformes et tuniqués comme ceux des Crocus et autres plantes monocotylédonées bulbeuses, à feuilles toutes radicales, du milieu desquelles s'élève une hampe florifère ; les autres sont caulescentes, à tiges tantôt herbacées, tantôt ligneuses, décombantes ou dressées, ordinairement rameuses, quelquefois charnues et armées de longues et fortes épines ; dans quelques espèces (*P. Patersonii*, par exemple), elle se font remarquer par leur épiderme extrêmement épais, demi-transparent et aussi dur que de la corne. Les feuilles sont tout aussi variées dans leur forme et leur consistance ; on les trouve tantôt simples, tantôt composées et décomposées, penninervées et palmatinervées, lobées ou incisées de diverses manières, quelquefois lancéolées et parfaitement entières ; enfin, chez certaines espèces, elles sont charnues et succulentes comme celles du *Crithmum* et de quelques autres plantes maritimes. Les fleurs sont en ombelles plus ou moins fournies, ne variant pas moins que les organes de la végétation dans leur aspect, leur grandeur, la proportion relative des parties et le coloris qui est, suivant les espèces, le blanc, le rose, le rouge de sang, le carmin, le pourpre noir, plus rarement le jaune, couleurs tantôt isolées, tantôt réunies sur une même corolle par macules, stries ou mouchetures plus ou moins tranchées.

Le genre qui nous occupe n'est pas remarquable seulement par la multitude des modifications de son type, d'ailleurs parfaitement uniforme au point de vue de l'organographie ; il l'est aussi par sa richesse en espèces, dont on connaît aujourd'hui plus de cinq cents, bien qu'il en reste encore beaucoup à découvrir. On conçoit sans peine qu'avec une si prodigieuse multiplication de formes spécifiques dans un même genre, bien des erreurs, bien des confusions aient dû se glisser dans la détermination des espèces, qui n'a pu se faire la plupart du temps que sur des échantillons d'herbiers souvent en mauvais état ou incomplets; c'est là le défaut inévitable de ces sortes de travaux, qui ne se corrigent et ne s'améliorent qu'avec le temps. Néanmoins, dans l'état actuel des choses, on doit reconnaître que, pour beaucoup d'espèces, et surtout pour celles qui intéressent le plus l'horticulture, les caractères ont été tracés assez nettement pour qu'on puisse aisément les distinguer dans le nombre. Quelques-unes de celles qui sont cultivées dans les jardins ont été supposées hybrides par la plupart des auteurs qui ont eu à en parler; sans avoir à en exposer ici les motifs, nous devons dire que nous considérons cette opinion comme en grande partie erronée.

La colonie du cap de Bonne-Espérance et les contrées de l'Afrique australe qui en sont le plus voisines sont considérées avec raison comme le centre et pour ainsi dire le berceau de la nombreuse tribu des *Pelargonium*; c'est là, en effet, que l'immense majorité des espèces se trouve cantonnée. Mais, par une de ces anomalies de géographie botanique dont on retrouve plus d'un exemple dans le règne végétal, un certain nombre d'espèces, comme égarées ou arrachées violemment à leur patrie première, se montrent aujourd'hui sur des points du globe bien éloignés de celui qu'occupe la grande masse de leurs congénères. C'est ainsi qu'une espèce *(P. acugnaticum)* se trouve habiter l'île de Tristan d'Acuña; que deux autres *(P. cotyledonis* et *P. inquinans)* se montrent à l'île Sainte-Hélène; qu'une dizaine ou une douzaine d'autres (*P. australe, inodorum, ero-dioides, littorale, Rodneyanum. microphyllum*, etc.) se partagent entre la Nouvelle-Hollande, la Tasmanie et les îles Auckland. Mais ce qui a encore plus lieu de nous étonner, c'est que, même dans notre hémisphère boréal, on retrouve le type du *Pelargonium* dans le *P. canariense*, qui habite les Canaries, et chose plus surprenante encore, dans le *P. Endlicherianum*, qui est indigène des montagnes de la Turquie d'Asie. Aucune espèce n'a, jusqu'ici, été trouvée en Amérique.

La grande variété de formes que présente le genre qui nous occupe a permis de le subdiviser en sous-genres, ce que rendait d'ailleurs nécessaire le grand nombre de ses espèces, qu'il eût été sans cela très-difficile de reconnaître dans les descriptions des botanistes. De Candolle et les auteurs qui ont marché sur ses traces admettent les divisions suivantes, dont le nombre devra encore être augmenté lorsque les recherches des botanistes auront fait connaître de nouvelles espèces, ou que celles qui existent déjà dans les collections auront été mieux étudiées. Beaucoup d'entre elles sont cultivées depuis longtemps dans les jardins botaniques ou dans ceux des amateurs; nous nous contenterons de citer les plus remarquables.

I. — Hoarea, Sweet.

Pétales au nombre de 5, plus rarement de 2 ou de 4, linéaires-oblongs, les deux supérieurs parallèles, longuement onguiculés, brusquement réfléchis vers le milieu. Étamines égales en longueur aux pétales, monadelphes, formant une sorte de tube allongé autour de la colonne centrale, dont 5, et quelquefois seulement 4 ou 2, sont anthérifères, les autres étant stériles et dépourvues d'anthères, et, parmi elles, les trois inférieures plus courtes que les autres. — Herbes acaules, à racine tubéreuse.

napiforme, à feuilles radicales et pétiolées. Plusieurs des espèces de ce sous-genre ont les fleurs jaunes ou jaune-pâle; celles qu'on rencontre le plus fréquemment dans les jardins sont les suivantes : *P. longifolium, P. longiflorum, P. parnassioides, P. ciliatum, P. dipetalum, P. radicatum, P. spatulatum, P. undulatum, P. velutinum, P. heterophyllum, P. nervifolium, P. triphyllum, P. roseum, P. rapaceum, P. barbatum, P. floribundum, P. centauroides, P. hirsutum, P. melananthum, P. dioicum, P. atrum*, auxquels il faut ajouter les *P. atrosanguineum* et *Sweetianum*, dont l'origine est inconnue, et qu'à tort probablement on suppose hybrides.

II. — **Dimacria**, Lindl.

Pétales 5, inégaux; les 2 supérieurs connivents, mais écartés au sommet. Étamines plus courtes que les sépales, et dont 5 seulement sont fertiles; les 2 inférieures du double plus longues que les autres et dressées; la supérieure très-courte; les 5 stériles presque avortées, à peu près égales entre elles. — Herbes acaules, à racine tubéreuse, en forme de navet, à feuilles pétiolées, pinnatiséquées. — Espèces cultivées : *P. viciæfolium, P. astragalifolium, P. foliolosum, P. coronillæfolium, P. bipartitum*. Cette dernière est supposée, à tort probablement, être une hybride des *P. viciæfolium* et *P. corydaliflorum*.

III. — **Cynosbata**, DC.

Pétales presque ovales, à peu près égaux, presque du double plus longs que le calice. Étamines 10, dressées, dont 5 fertiles alternent avec 5 autres réduites au filet. — Tiges frutescentes, dressées. — Ce groupe ne renferme que les espèces suivantes : *P. malvæfolium, P. lateritium* et *P. cynosbatum*.

IV. — **Peristera**, DC.

Pétales égaux entre eux et au calice ou le dépassant à peine. Étamines 10, dont 5 stériles, très-courtes et réduites à de simples dents, et 5 fertiles, quelquefois 4 seulement par l'avortement d'une anthère. — Herbes caulescentes, ayant le port des *Gera-*

nium et des *Erodium*. — Ce groupe renferme les *P. columbinum, P. procumbens, P. humifusum, P. australe* et *P. althœoides,* tous cultivés dans les jardins.

V. — **Otidia,** Lindl.

Pétales linéaires-oblongs, subégaux entre eux, du double plus longs que le calice ; les 2 supérieurs auriculés près de la base. Étamines 5 stériles et 5 fertiles, dont les 2 supérieures, plus longues que les 3 autres, sont spatulées ou subulées. — Tiges charnues, frutescentes. Fleurs blanches. — Espèces cultivées : *P. ceratophyllum, P. crithmifolium* et *P. carnosum.*

VI. — **Polyactium,** DC.

Sépales subégaux, roulés en dehors. Pétales subégaux, obovales. Étamines 10, dont 5 stériles, réduites au filet, et 5 fertiles, dont la supérieure, plus courte que les 4 autres, est largement spatulée et réfléchie au sommet. Tous les pétales marqués d'une large macule noirâtre et à peine bordés d'un étroit liséré qui tire sur le jaune. — Ce groupe ne renferme qu'une seule espèce, le *P. multiradiatum.*

VII. — **Isopetalum,** Sweet.

Sépale supérieur non prolongé en éperon, mais creusé d'une simple fovéole nectarifère ; 5 pétales égaux ; 10 étamines monadelphes à la base, dont 5 ou 6 sont fertiles. — Une seule espèce, à tige charnue, qui est le *P. cotyledonis.* Cette espèce curieuse, comme faisant le passage entre les *Pelargonium* et les *Erodium,* est de l'île Sainte-Hélène.

VIII. — **Campylia,** Sweet.

Pétales 5, dont les 2 supérieurs, plus grands que les trois autres, sont légèrement auriculés près de l'onglet. Étamines 10, à filets velus ou pubescents, dont 5 sont fertiles et 5 dépourvus d'anthères ; parmi ces derniers, les 2 supérieurs sont plus longs que les autres et recourbés en crochet. — Herbes à peine sousfrutescentes à la base, rameuses. Feuilles pétiolées, ovales ou oblongues, dentées ou un peu incisées. — Ce groupe renferme un assez grand nombre d'espèces, parmi lesquelles il suffit de citer les *P. blattarium, P. eriostemon, P. holosericeum, P. œnotheræ* et *P. tricolor.*

IX. -- Myrrhidium, DC.

Pétales 4 ou très-rarement 5 ; les 2 supérieurs très-grands, obovales-cunéiformes, ordinairement bariolés ; les 2 inférieurs (3 quand la corolle est à 5 pétales) beaucoup plus petits, linéaires-oblongs. Étamines 10, à filets dressés, dont 5 et quelquefois 7, sont fertiles. — Herbes bisannuelles ou vivaces, rarement sous-frutescentes, à tiges cylindriques, à feuilles pinnatiséquées ou plus rarement multifides. — Les espèces les plus remarquables sont les suivantes : *P. canariense, P. bullatum, P. myrrhifolium, P. lacerum* et *P. multicaule.*

X. — Jenkinsonia, Sweet.

Pétales 5, dont les 2 supérieurs, beaucoup plus grands que les 3 autres, sont émarginés au sommet et bariolés de lignes colorées. Étamines 10, dressées, pubérules à la base, dont 7 sont anthérifères et 3 stériles. — Tiges frutescentes. Fleurs un peu grandes, d'un jaune très-pâle. — Ce sous-genre ne renferme qu'une seule espèce, le *P. quinatum.*

XI. — Chorisma, Lindl.

Pétales 4, rarement 5 ; les 2 supérieurs beaucoup plus grands que les autres et longuement onguiculés. Étamines 10, soudées en un long tube décliné et géniculé vers le milieu ; 7 sont fertiles et 3 stériles ; les 2 étamines fertiles inférieures restent libres. — Une seule espèce, qui est le *P. tetragonum.*

XII. – Pelargium, DC.

Pétales 5, inégaux, dont 2 supérieurs sont rapprochés l'un de l'autre. Étamines 10, inégales, dont 7 sont anthérifères et fertiles, et 3 réduites au filet qui est subulé. — Ce sous-genre, qui à lui seul contient plus de 300 espèces, a été subdivisé en sections trop nombreuses pour pouvoir être exposées ici avec leurs caractères ; nous nous contenterons de dire que ces espèces varient considérablement pour le port, tantôt frutescent, tantôt herbacé, pour la taille, la forme des feuilles, la couleur des fleurs, la disposition des macules, etc. C'est à lui qu'appartient nécessairement la grande majorité des *Pelargonium* introduits dans nos jardins. Nous citerons particulièrement les suivants : *P. acetosum, P. hybridum, P. zonale, P. inquinans, P. monstrum, P. glomeratum, P. odoratissimum, P. grossularioides, P. tabulare, P. abrotanifolium, P. canescens, P. hirtum, P. tripartitum, P. spinosum, P. apiifolium, P. flavum, P. triste, P. ardens, P. sanguineum, P. cruentum, P. ignescens, P. concolor, P. quinque-vulnerum, P. bicolor, P. obscurum, P. reniforme, P. peltatum, P. glaucum, P. nobile, P. penicillatum, P. venustum, P. tomentosum, P. papilionaceum, P. cucullatum, P. spectabile, P. capitatum, P. Principissæ, P. versicolor, P. Jenkinsoni, P. Comptoniæ, P. crispum, P. uniflorum, P. quercifolium, P. graveolens, P. radula, P. glutinosum.*

Beaucoup d'autres espèces, que nous nous abstiendrons de nommer pour ne pas donner trop d'étendue à cette notice, se trouvent dans les jardins botaniques ou même dans ceux des amateurs. Plusieurs d'entre elles sont réputées hybrides ; mais comme nous l'avons déjà donné à entendre, il est extrèmement probable que c'est là une erreur. Sans méconnaître que, parmi ces espèces, il y en ait beaucoup dont l'horticulture puisse faire des plantes d'ornement de premier mérite, nous nous bornerons à décrire avec quelque détail les sept suivantes, comme étant celles qu'il y a le plus d'intérêt à connaître.

1° PELARGONIUM TRICOLOR (*Campylia*), Curt., *Bot. Mag.*, tab. 240. — DC., *Prodr.* I, p. 657. — *P. violarium*, Jacq., *Icon. rar.*, III, tab. 527. — *Geranium tricolor*, Andr., *Ger. Ic.* — *Phymatanthus tricolor*, Sweet, *Ger.*, tab. 43.

Tiges suffrutescentes, dressées, hautes de 0^m 40 à 0^m 50, rameuses, pubescentes. Feuilles longuement pétiolées, **velues**, polymorphes, généralement oblongues, très-souvent trilobées, à lobes latéraux situés vers la base du limbe, petits, étroits, divariqués ; le lobe médian étant toujours beaucoup plus grand, obovale-oblong, quelquefois linéaire, denté du milieu au sommet, long de 0^m 03 à 0^m 05, large de 0^m 005 à 0^m 010. Stipules triangulaires, longuement acuminées, velues comme les feuilles. Inflorescences axillaires ou oppositifoliées, généralement 3-flores, portées par des pédoncules de 0^m 02 à 0^m 04, qui se terminent par une collerette de 5 à 6 bractéoles lancéolées, aiguës et pubescentes. Pédicelles presque de la longueur du pédoncule lui-même (de 0^m 02 à 0^m 03), divariqués. Calice très-velu, à peu près régulier, à sépales pour ainsi dire égaux, avec un éperon très-court, presque imperceptible et comme fondu dans le pédicelle, au-dessus duquel il produit une tubérosité à peine sensible et longue au plus de 0^m 002. Pétales obovales-arrondis ; les trois inférieurs blancs ou d'un blanc rosé ; les 2 supérieurs presque entièrement occupés par une large macule rouge qui passe au pourpre noir très-intense vers le bas des pétales. — Cap de Bonne-Espérance. Cette plante, introduite en Europe dans les dernières années du dix-huitième siècle, a fleuri pour la première fois, en 1792, au jardin de Kew ; elle n'a pas donné de variétés remarquables.

2° PELARGONIUM PELTATUM (*Pelargium*), Ait., *Hort. Kew.*, II, 427. — Curt., *Bot. Mag.*, tab. 20. — DC., *Prodr.* I, p. 666. — *Geranium peltatum*, Linn., *Spec.* 947. — Cavan., *Dissert.* IV, p. 232, tab. 100. fig. 1.

Tiges frutescentes, s'élevant à près d'un mètre, charnues, articulées, étalées à la base, rameuses, velues. Feuilles alternes, pétiolées, peltées ; celles du bas un peu réniformes. les supérieures à 5 lobes, dont le terminal est le plus grand, entières, légèrement ondulées sur les bords, pubescentes, présentant un cercle brunâtre autour du point de convergence des nervures, longues et larges de 0^m 05 à 0^m 08, ce qui est aussi la longueur moyenne de pétiole. Stipules ovales-aiguës, élargies à la base.

Inflorescences oppositifoliées, se composant d'un long pédoncule commun, terminé par une collerette de folioles ovales et par une ombelle de 3 à 5 fleurs portées sur des pédicelles d'environ 0ᵐ 04. Fleurs grandes, à calice velu, à corolle irrégulière, presque bilabiée, dont les 3 pétales inférieurs, plus petits que les autres, sont obovales-arrondis et d'un carné pâle, et les 2 supérieurs, émarginés au sommet, présentent chacun une macule carmin foncé sur un fond lilas. Éperon prolongé presque jusqu'au bas du pédicelle, peu distinct. Étamines au nombre de 10, fertiles pour la plupart, à filets blancs ou rosés. — Cette espèce, originaire du cap de Bonne-Espérance, a été introduite en Angleterre vers 1793. Elle n'a pas donné de variétés.

3⁰ PELARGONIUM GRANDIFLORUM (*Pelargium*), Wild., *Spec.* III, p. 674. — DC., *Prodr.* I, p. 667. — *Geranium grandiflorum*, Andr., *Bot. Rep.*, tab. 12 ; non *G. grandiflorum*, Linn.

Plante sous-frutescente, presque entièrement glabre, haute de 0ᵐ 50 à 1 mètre, rameuse. Feuilles longuement pétiolées, alternes vers le bas de la plante, plus fréquemment opposées vers le haut, palmatifides, à 5 lobes, longues et larges de 0ᵐ 05 à 0ᵐ 08, entières ou plus ordinairement échancrées en cœur à la base, un peu roides et coriaces ; lobes découpés sur les bords en lobes plus petits ou grandes dents triangulaires-aiguës. Pétioles longs de 0ᵐ 08 à 0ᵐ 12. Stipules ovales, aiguës ou obtuses, étalées. Inflorescences axillaires (dans l'aisselle de la plus petite des deux feuilles opposées), consistant en pédoncules longs de 0ᵐ 10 à 0ᵐ 15, roides, dressés, terminés au sommet par une collerette de 3 ou 4 bractéoles ovales-lancéolées, que surmonte une ombelle de 3 à 5 fleurs ou davantage. Pédicelles particuliers des fleurs longs d'environ 0ᵐ 05 à 0ᵐ 06, glabres ou légèrement pubescents, de même que les folioles calicinales, qui sont lancéolées, très-aiguës et à peu près égales entre elles. Éperon très-prolongé, grêle, confondu avec le pédicelle sur les trois-quarts au moins de la longueur de ce dernier, ne devenant sensible qu'à son extrémité, dont le cul-de-sac fait une légère saillie à quelques millimètres au-dessus de la base du pédicelle. Corolle grande,

mesurant près de 0^m 05 dans son plus grand diamètre, irrégulière, formée de 5 pétales, dont les 3 inférieurs sont obovales-
allongés, obtus et entiers au sommet, d'un blanc pur ou tout au
plus d'un lilas très-pâle, et dont les 2 supérieurs, beaucoup plus
grands, souvent émarginés, sont marquetés de bariolures car-
minées. — Cette belle espèce a été introduite du cap de Bonne-
Espérance dans les jardins particuliers de l'Angleterre sur la fin
du siècle dernier; c'est de là qu'elle a passé à l'établissement
royal de Kew, en 1794. Elle a donné une variété rose que les jardiniers ont souvent désignée à tort sous le nom de *P. nobile*.

4° PELARGONIUM CAPITATUM (*Pelargium*), Ait., *Hort.
Kew.*, II, p. 425. — DC., *Prodr*. I, p. 674. — *Gera-
nium capitatum*, Linn., *Spec.* 947. — Cavan., *Dissert.*
IV, p. 249, tab. 105. — *Geranium rosat*, Hort.

Tige frutescente, s'élevant à 1 mètre environ, rameuse, velue
ou pubescente, ainsi que toutes les parties de la plante. Feuilles
alternes, portées sur des pétioles de 0^m 05 à 0^m 06, arrondies,
cordées à la base, présentant 5 lobes peu saillants, ondulées ou
même crépues, crénelées, pubescentes, exhalant une forte odeur
de rose lorsqu'on les froisse entre les doigts, longues et larges
de 0^m 04 à 0^m 06. Stipules ovales-aiguës, élargies à la base et
comme auriculées, réfléchies. Fleurs en tête, presque sessiles
par suite de la brièveté de leurs pédicelles, au nombre de 5 à 8
ou davantage au sommet d'un long pédoncule commun qui est
dressé et oppositifolié, entourées d'une collerette de bractéoles
ovales et marcescentes. Calice ovoïde, tomenteux-velu, à folioles
ovales-acuminées. Éperon extrêmement court, peu apparent.
Corolle comparativement petite, un peu irrégulière, à pétales
presque égaux, obovales-cunéiformes, roses, parcourus de veines
d'un carmin plus foncé. — Originaire du cap de Bonne-Espérance, cette espèce est une des premières du genre qui aient été
rapportées vivantes en Europe ; son introduction par Beutinck
date de 1690. Quoique très-répandue dans les jardins, elle a peu
varié. On la recherche beaucoup moins pour ses fleurs, d'ailleurs
peu remarquables, que pour l'odeur très-prononcée de ses
feuilles, qui rappelle le parfum de la rose, ce qu'elles doivent à

une huile essentielle déjà très-employée en parfumerie et dont on se sert aussi pour falsifier la véritable essence de rose. On cultive sur une assez grande échelle le *Pelargonium* rosat en Provence, en Italie, en Espagne et même en Algérie, pour en extraire cette essence, devenue un objet de commerce qui ne manque pas d'une certaine importance.

5° PELARGONIUM ZONALE (*Pelargium*), Wild., *Spec.* III, p. 667. — DC., *Prodr.* I, p. 659. — *Géranium zonale*, Linn., *Spec.* 947. — Cavan., *Dissert.* IV, tab. 248.

Plante suffrutescente, rameuse dès le bas, formant un buisson plus ou moins régulier, haute en moyenne de 0^m 40 à 0^m 60, à rameaux un peu gros, semi-ligneux, légèrement pubescents. Feuilles longuement pétiolées, orbiculaires-réniformes, cordées à la base, présentant de 5 à 7 lobes plus ou moins prononcés, crénelées-dentées sur leur périphérie, excepté dans l'échancrure basilaire, longues de 0^m 04 à 0^m 07, larges de 0^m 05 à 0^m 08, un peu pubescentes, et marquées, vers le milieu, d'une zone d'un vert noirâtre plus ou moins prononcé, caractère qui est loin d'être particulier à cette espèce, bien qu'elle en ait tiré son nom. Pétioles variant en longueur de 0^m 05 à 0^m 10, quelquefois sensiblement plus longs sur les rameaux vigoureux. Stipules foliacées, ovales-aiguës, longues de 0^m 010 à 0^m 018, larges de 0^m 007 à 0^m 010. Inflorescences oppositifoliées. Pédoncules longs de 0^m 10 à 0^m 20, portant une ombelle de 15 à 40 fleurs au-dessus d'une collerette de bractéoles verticillées, au nombre de 10 à 20, et dont la longueur moyenne est d'environ 0^m 01. Pédicelles propres des fleurs longs de 0^m 04 à 0^m 05, légèrement pubescents ainsi que le calice, dont les divisions sont lancéolées, aiguës, presque égales. Éperon prolongé sur presque toute la longueur du pédicelle, dont il ne se distingue qu'à son extrémité en cul-de-sac qui fait une légère saillie. Pétales presque égaux, obovales-oblongs, un peu étroits, arrondis au sommet, d'un beau carmin uniforme, constituant une corolle irrégulière, plutôt par leur disposition (2 étant dirigés en haut et 3 en bas) que par leur inégalité. — Cette espèce, par la richesse de ses ombelles et le brillant coloris de ses fleurs, est devenue un des plus magnifiques ornements de nos parterres, où on la cultive en massifs dont l'effet est éblouissant. Elle réussit admirablement, mise en pleine terre pendant l'été, sous le climat de Paris, où sa floraison, commencée dès la fin de juin, se prolonge sans interruption jusqu'aux gelées de l'automne. Elle a donné naissance à quelques variétés assez peu tranchées, qui ne se distinguent guère qu'à la teinte plus ou moins foncée de la corolle; l'une d'elles, dit-on, est presque blanche, et une autre amarante. Aucune de ces variétés ne vaut d'ailleurs, comme plante d'ornement, le type ordinaire de l'espèce. Elle est du cap de Bonne-Espérance, et son introduction en Europe remonte au moins à l'année 1710, où elle était cultivée dans les jardins de la duchesse de Beaufort, en Angleterre.

6º PELARGONIUM INQUINANS (*Pelargium*), Ait., *Hort. Kew.*, II, p. 424. — DC., *Prodr.* I, p. 659. — *Geranium inquinans*, Linn., *Spec.* 945. — Cavan., *Dissert.* IV, tab. 106.

Plante frutescente, multicaule, formant le buisson, s'élevant facilement à 1 mètre ou davantage, à rameaux développés, un peu charnus, pubescents ou mollement velus. Feuilles grandes, orbiculaires-réniformes, échancrées en cœur à la base, à 5-7-9 et même quelquefois 11 lobes peu saillants, arrondis et crénelés, longues de 0^m 05 à 0^m 08, larges de 0^m 07 à 0^m 12 ou davantage, légèrement pubescentes, marquées d'une zone brunâtre plus ou moins prononcée, portées sur des pétioles à peu près de même longueur que le limbe. Stipules largement ovales, longues de 0^m 01 ou plus, suivant la vigueur des rameaux, pubescentes ou velues. Inflorescences ordinairement oppositifoliées, consistant en ombelles de 15 à 40 fleurs, portées au sommet d'un pédoncule commun de 0^m 20 à 0^m 30, et entourées à leur base d'une collerette de 5 à 8 bractées ovales, pubescentes, longues de 0^m 010 à 0^m 015. Pédicelles particuliers longs de 0^m 03 à 0^m 04, velus ainsi que le calice, qui est couvert de longs poils soyeux, et dont les divisions ovales-lancéolées sont sensiblement égales entre elles. Éperon prolongé jusqu'auprès de la base du pédicelle, où son extrémité se reconnaît à une légère protubérance. Corolle presque régulière de 5 pétales légèrement obovales, arrondis au

sommet, d'un rouge écarlate extrêmement vif. — Cette plante,
véritablement magnifique par l'éclat et l'abondance de ses fleurs,
par la beauté de son feuillage et le riche développement que lui
fait acquérir une culture intelligente, partage, avec la précédente,
la prérogative d'être considérée comme un des principaux ornements de nos parterres ; elle s'associe à elle dans la composition
de ces beaux massifs qui ornent les jardins publics. On l'élève
avec le même succès en pots ou en caisses, et même, dans ces
conditions, elle prend, sous l'influence des arrosages au guano,
des proportions extraordinaires, ainsi que le témoignent ces merveilleux échantillons sortis des cultures de MM. Burel et Lansezeur, et qui ont figuré plusieurs fois aux expositions d'horticulture parisiennes. Le *P. inquinans,* nommé ainsi parce que ses
feuilles, froissées entre les doigts ou sur le linge, y laissent des
taches brunâtres, est originaire à la fois du cap de Bonne-Espérance et de l'île Sainte-Hélène. Il a donné naissance à 3 ou 4 variétés (*P. écarlate, P. Matthieu, P. Tom-Pouce,* etc.) plus faiblement ou plus fortement colorées que le type de l'espèce,
auquel, toutefois, on ne doit pas les considérer comme supérieures. On le voit cultivé en Angleterre, dès l'année 1714, dans
le jardin de l'évêque Compton, qui l'avait reçu du Cap.

7º PELARGONIUM CUCULLATUM (*Pelargium*), Ait., *Hort.
Kew.,* II, p. 426. — DC., *Prodr.* I, p. 671. — *Geranium
cucullatum,* Linn., *Spec.* 946. — Cavan., *Dissert.* IV,
p. 241, tab. 106.

Plante sous-frutescente, dressée, rameuse, haute de 0ᵐ 30 à
0ᵐ 50, prenant facilement la forme de buisson, d'un port d'ailleurs élégant, à rameaux plus ou moins couverts de poils mous
et soyeux. Feuilles réniformes-arrondies, largement échancrées
à la base, présentant assez souvent de 5 à 7 lobes peu prononcés,
souvent aussi totalement dépourvues de lobes, crénelées-denti-
culées sur leur contour, velues ou soyeuses surtout à la face inférieure, longues de 0ᵐ 04 à 0ᵐ 05, larges de 0ᵐ 06 à 0ᵐ 08.
Pétioles à peu près de même longueur que le limbe. Stipule
ovales-aiguës, longues d'environ 0ᵐ 01, velues comme les feuilles.
Inflorescences tantôt terminales, tantôt latérales et alors oppo-

sitifoliées, se composant d'une ombelle de 5 à 15 fleurs portée au sommet d'un pédoncule commun de 0^m 05 à 0^m 10, et entourée d'une collerette de 5 à 10 bractéoles lancéolées, de 0^m 006 à 0^m 008, très-velues. Pédicelles propres relativement courts, variant de 0^m 01 à 0^m 02, très-velus, soyeux et blanchâtres, ainsi que le calice, dont les 5 divisions sont ovales-lancéolées, presque égales entre elles. Éperon assez court, mais atteignant cependant à la moitié du pédicelle, avec lequel il est soudé, et sur lequel son extrémité se dessine par une bosse saillante. Corolle généralement grande, mesurant, suivant les échantillons, de 0^m 03 à 0^m 05 de diamètre, irrégulière, approchant beaucoup par sa forme de la fleur d'une pensée, de couleur carnée ou rose clair, quelquefois presque blanche, mais avec une large macule pourpre-noir sur chacun des deux pétales supérieurs. Ces caractères de coloration qui distinguent le type spécifique ont été prodigieusement modifiés par la culture, qui a fait naître, dans cette espèce, un nombre pour ainsi dire indéfini de variétés.

Peu de plantes, en effet, nous offrent des exemples aussi remarquables des altérations que la culture peut faire subir à une espèce donnée. Les premières variétés ont naturellement peu différé du type normal ; mais une fois la stabilité de l'espèce ébranlée, les semis en ont fait naître qui s'en sont de plus en plus éloignées. L'élégance du port, l'agrandissement des fleurs, leur production plus abondante et la vivacité de leur coloris ont été les premières qualités qu'on s'est efforcé de produire ; puis on a voulu que la forme des fleurs fût modifiée dans le sens de la régularité, en se rapprochant autant que possible de la forme circulaire, type idéal que la mode a fait considérer comme un cachet de perfection. Aujourd'hui que ces différents buts ont été plus ou moins heureusement atteints, ce que les jardiniers recherchent, se sont des fleurs à 5 macules, et déjà des succès remarquables sont venus couronner leurs efforts.

Il n'entre pas dans notre sujet de donner la liste des

variétés obtenues dans l'espèce du *P. cucullatum* ; cette liste serait fort longue, car il faudrait y faire entrer non-seulement celles qui sont nées en France, mais aussi celles en nombre plus considérable qui se sont produites chez nos voisins, particulièrement en Angleterre et en Belgique, et elle ne dirait rien au lecteur si le nom de chacune de ces variétés n'était suivi de quelques mots de description. Ce soin même ne suffirait pas pour les faire toutes reconnaître, attendu que beaucoup de ces plantes ne diffèrent les unes des autres que par des nuances que le langage est inhabile à exprimer. Nous laisserons donc à l'habile horticulteur qui a entrepris cette monographie le soin de faire connaître aux amateurs les variétés les plus dignes de fixer leur choix.

IV.

Climatologie de l'Afrique australe.

On entend tous les jours répéter, parmi les horticulteurs, que, pour cultiver avec succès les végétaux exotiques, il faut s'efforcer de leur procurer artificiellement toutes les conditions de température, de lumière, de sol et d'humidité qui sont propres aux pays où ils croissent naturellement. Cela est vrai d'une manière générale, mais il y a, dans la pratique, de nombreuses exceptions, motivées sur ce fait que nous ne demandons pas toujours exactement aux végétaux ce que la nature leur fait produire, et que, pour en obtenir ce qui est le plus à notre convenance, nous sommes forcés de les assujettir à des conditions qui s'éloignent plus ou moins de celles qui les entourent là où ils viennent spontanément. Ajoutons encore que les plantes nées et élevées dans nos serres, même dans nos jardins de plein air, par cela seul qu'elles sont l'objet de soins assidus, s'amollissent en quelque sorte et perdent toujours une partie de cette vigueur de tempérament qui les caractérisait à l'état naturel. Les *Pelargonium* nous en offrent une preuve remarquable : originaires pour la plupart d'un climat dont l'ardeur et la sécheresse, pendant plusieurs mois de l'année, égalent celles de la zone torride africaine, ils ne pourraient plus, lorsqu'ils ont été affaiblis par nos procédés de culture, affronter ces conditions climatériques extrêmes sans perdre leur beauté éphémère et tout artificielle, et peut-être sans périr. Même sous notre ciel septentrional, ils veulent être abrités, pendant une partie du jour, des rayons du soleil. Cet affaiblissement de la robusticité primitive est encore plus sensible dans celles de nos Bruyères cultivées qui sont, comme eux, originaires de la région australe de l'Afrique. On jugera mieux de la modification qui s'est opérée dans le tempérament de ces plantes par un coup d'œil jeté sur le climat de la colonie du Cap. Nous en emprunterons les principaux détails aux observations métérologiques faites, il y a une vingtaine d'années, par sir John Herschell, et commmuniquées par ce savant astronome à **M.** Alphonse de Candolle, qui les a publiées dans un recueil scientifique, la *Bibliothèque de Genève* (nouvelle série, tom. XIV, p. 116).

L'Afrique australe, c'est-à-dire cette partie du continent africain qui s'étend du tropique du Capricorne jusqu'auprès du 35ᵉ degré de latitude (environ 34° 45′), constitue, ainsi que le fait remarquer M. Alph. de Candolle, une région botanique des plus extraordinaires et probablement unique au monde, caractérisée principalement par le nombre prodigieux de ses espèces végétales, et par l'aire presque toujours extrèmement limitée qu'elles occupent. Sur une étendue de pays à peu près de la grandeur de l'Allemagne, et qui est loin d'avoir été suffisamment explorée, les voyageurs botanistes Burchell, Ecklon, Zeyher et Drège ont récolté, entre eux tous, environ 12,000 espèces phanérogames. L'Allemagne n'en contient guère plus de 3,000, et la France, un peu moins étendue, mais douée d'une plus grande variété de climats, en compte au plus 3,600 ; cependant ces deux pays ont été incomparablement mieux étudiés au point de vue botanique que la colonie du Cap. Il est vrai que, dans ce calcul, on n'a pas tenu compte des espèces cryptogames, extrèmement abondantes en Europe, et, au contraire, proportionnellement rares dans la région qui nous occupe.

L'autre caractère, celui du peu d'extension des aires de chaque espèce, n'est pas moins remarquable que le premier. Dans une marche d'un-jour, un voyageur traverse les domaines de plusieurs espèces qu'il ne retrouvera plus ailleurs ; et ces circonscriptions si multipliées, au lieu de se fondre graduellement les unes dans les autres, s'arrètent brusquement, comme si une puissance insurmontable avait tracé aux diverses espèces les limites qu'elles ne doivent point dépasser. Quelle est la cause de ce double phénomène ? Évidemment la grande diversité et les anomalies de la climature dans cette partie du continent africain ; la constitution minéralogique du sol, qui est elle-même extrèmement bigarée, y entre aussi pour une certaine part.

A ne considérer la climatologie du cap de Bonne-Espérance que d'une manière générale, on lui trouverait une assez grande ressemblance avec celle de l'Algérie ; ce sont à peu près les mêmes chaleurs en été, mais avec un hiver déjà sensiblement plus rigoureux ; à parité de latitude, les différences se montreraient dès qu'on aborderait les détails. Dans le sud de l'Afrique, les variations de la température sont subites et souvent très-considérables. D'après sir John Herschell, il ne tombe jamais de neige sur la plaine qui avoisine la ville du Cap ; la grêle y est rare, ainsi que la gelée blanche ; la glace, au contraire, se forme quelquefois à la surface des eaux abritées contre le vent ; mais ce sont des cas rares et qui n'arrivent que dans les nuits calmes et sereines. Il n'a jamais vu le thermomètre centigrade au-dessous de 0º.56 ni plus haut que 38º.33 ; mais dans la partie orientale de la colonie on le voit, dit-on, s'élever quelquefois à 43º.68 et même plus haut. Ces grandes chaleurs arrivent toujours par des vents violents du nord. Un thermomètre marquant de lui-même les degrés de température ayant été placé par sir John Herschell dans une crevasse de rochers située au sommet de la montagne de la Table, à environ 1,200 mètres de hauteur, du 8 novembre 1834 au 30 mai 1835 (ce qui comprend, dans cette région australe, l'été et l'automne), indiqua, comme extrèmes, les températures de − 0º. 45 et + 35º.67 centigr. ; mais ce thermomètre a été manifestement influencé par le voisinage de la mer qui entoure la montagne de trois côtés. Dans le fait, la neige y tombe rarement, et lorsque cela arrive, elle ne tarde jamais à fondre, tandis que, du côté des plaines basses qui s'étendent de l'est à l'ouest, entre les deux mers, des montagnes, pour la plupart beaucoup moins élevées que celle de la Table, restent couvertes d'une neige épaisse pendant plusieurs mois.

En remontant vers le nord, c'est-à-dire en s'éloignant de la mer, on voit se dessiner plus nettement les effets du climat continental, et on est surpris d'y observer, en hiver, des abaissements thermométriques qui ne semblent plus en rapport avec la latitude. C'est ainsi qu'à Klaar-Water (lat. austr. 29°), localité qui ne semble pas très-élevée au-dessus du niveau de la mer, M. Burchell a vu le thermomètre descendre à — 4°.40 C. et la neige blanchir le sol. La glace, formée sur les eaux tranquilles, y avait acquis l'épaisseur de la main. En été, au contraire, les chaleurs y sont excessives, et, d'après le même voyageur, la température moyenne de janvier, qui, dans l'hémisphère austral, correspond à notre mois de juillet, ne saurait être moindre que 31° C., c'est-à-dire au moins 2 degrés de plus que la température du mois le plus chaud de l'année au Sénégal.

Ces extrêmes si remarquables de chaud et de froid semblent être particuliers aux régions intérieures des continents de l'Afrique australe et de la Nouvelle-Hollande ; aussi leurs flores ont-elles l'une avec l'autre des analogies qui n'échappent à aucun botaniste. Le voyageur Mitchell a vu, dans l'intérieur du continent australien, sous le 27° degré de latitude, et dans une contrée d'une élévation médiocre, le thermomètre tomber, pendant les nuits sereines, au-dessous de — 11° C., et cependant le pays était couvert de végétaux en pleine floraison, car pendant le jour, la température se relevait à 25 ou 26 degrés. Il n'existe, dans l'hémisphère que nous habitons, aucun exemple de froids aussi rigoureux, à parité de hauteur et de latitude, de même qu'on n'en connaît peut-être aucun de variations thermométriques aussi brusques dans le même espace de temps.

Les conditions hygrométriques d'un climat n'exercent pas moins d'influence sur la flore d'un pays que la température elle-même, et sous ce rapport encore, la colonie du Cap va nous offrir les plus singulières anomalies. La pluie y est tellement locale et partielle, elle y tombe avec une telle irrégularité, qu'il est presque impossible d'en donner une idée quant à la somme totale ou à la durée. Des localités voisines, et qui ne sont séparées que par des collines ou de simples plis de terrain, n'ont ni la même quantité de pluie ni la même somme de jours pluvieux ; et, dans une même localité, les années présentent, à ce point de vue, les plus grandes divergences. On cite, entre autres, le lieu désigné sous le nom de Klaar-Water, dont nous avons parlé plus haut, comme ayant offert subitement l'exemple d'une sécheresse continue de 18 mois, pendant lesquels il n'est pas tombé une seule goutte de pluie, ce qui força une tribu indigène, qui s'y était établie, à abandonner ses travaux de colonisation. Au voisinage de la mer, la constitution pluviométrique n'offre pas d'aussi grandes anomalies ; on peut la résumer, mais seulement d'une manière très-générale, en disant qu'il n'y a là que deux saisons, celle des pluies et celle des chaleurs excessives.

Ces détails, très-incomplets, mais que nous ne pourrions étendre indéfiniment, suffiront pour donner une idée assez juste du climat de l'Afrique australe, et pour faire voir combien le tempérament de certaines plantes de cette contrée, les Bruyères et les *Pelargonium* entre autres, s'est modifié sous l'influence de nos procédés de culture. Nous avons fait à ces plantes un tempérament tout artificiel, et peut-être succomberaient-elles à ces mêmes excès climatologiques, si aujourd'hui elles étaient rendues à leur sol natal et livrées à leurs propres forces. Il y aurait, dans les deux règnes du monde organique, les végétaux et les animaux, bien d'autres exemples à citer de cet affaiblissement de la vitalité des êtres par l'action énervante de la domestication. La conclusion que nous en tirons, au moins quant aux plantes qui font l'objet de ce mémoire, c'est que, dans leur culture, on doit bien plus tenir compte des procédés artificiels des jardiniers qui ont produit de si merveilleux résultats, et que l'expérience sanctionne tous les jours, que des conditions climatologiques de leur patrie première, pour laquelle ces plantes ne sont plus faites, et sous lesquelles elles ne tarderaient pas à périr ou à dégénérer.

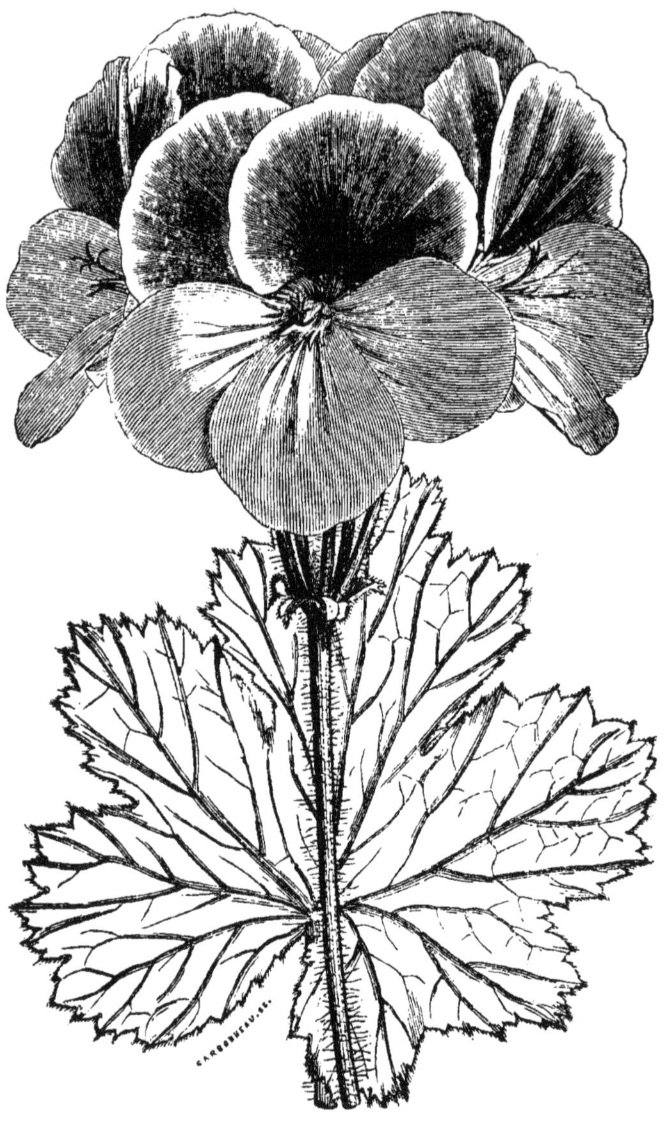

Fig. 1. — Pelargonium à grandes fleurs.

CULTURE

DES

PELARGONIUM

INTRODUCTION

Il y a environ quarante ans que l'on a commencé à s'occuper en France de la culture du *Pelargonium* (fig. 1); mais, à cette époque, un petit nombre d'amateurs et quelques horticulteurs seulement s'y adonnèrent. Parmi ces derniers, Lemon contribua particulièrement à répandre le goût de ce genre en en faisant venir d'Angleterre quelques variétés. M. Mathieu, de Belleville, et M. Quillardet en cultivèrent aussi quelques espèces; mais la plupart des nouveautés de semis arrivaient d'Angleterre. Ces nouveautés restaient pendant un ou deux ans dans les mains de ceux qui les avaient acquises, avant qu'ils s'occupassent de les multiplier, et lorsqu'ils les mettaient dans le commerce, c'était à des prix tellement élevés, qu'il fallait être riche pour s'en permettre l'acquisition. En réalité, ce n'était que quatre ou cinq ans après qu'on les avait obtenues qu'elles paraissaient sur les marchés à des prix accessibles aux fortunes plus modestes.

Telle est probablement la cause à laquelle il faut attribuer la lenteur des progrès faits dans la culture du *Pelargonium* pendant une douzaine d'années; mais, à partir de ce moment, un certain nombre d'horticulteurs, et notamment M. Chauvière, s'étant livrés à leur propagation, contribuèrent énergiquement à augmenter nos richesses en ce genre, soit par l'introduction de nouvelles espèces, soit par des semis. Cependant ce n'est que depuis une vingtaine d'années que cette jolie plante a conquis la place qu'elle mérite, selon nous, d'occuper dans l'horticulture. Sur tous les points de la France, amateurs et horticulteurs se sont mis à l'œuvre ; après s'être procuré quelques variétés remarquables, ils se sont occupés de semis. Ces semis ont donné, nous devons le reconnaître, beaucoup de variétés médiocres, qu'on a cependant osé, pendant quelque temps, faire figurer dans certains catalogues ; mais aussi, parmi elles, il s'en est trouvé de remarquables, qui ont dû largement récompenser de leurs peines ceux qui ont eu le bonheur de les obtenir. Tel est, par exemple, le *P. à cinq macules* (fig. 2), qui a été obtenu de semis par M. Duval, jardinier à cette époque chez M. James Odier, à Bellevue. Il y a une vingtaine d'années, cette nouvelle série de *Pélargonium* fit époque en horticulture. Mises dans le commerce par feu Miellez, de Lille, à qui M. James Odier en avait cédé la propriété, vendues en souscription par séries de dix, ces plantes furent achetées par tous les amateurs et horticulteurs, et aussitôt les semeurs de l'époque, MM. Miellez, Chauvière, Malet, Boucharlat, Henri Demay, Dufoy, etc., se mirent à l'œuvre. Quelques années après, une quantité de belles plantes fut

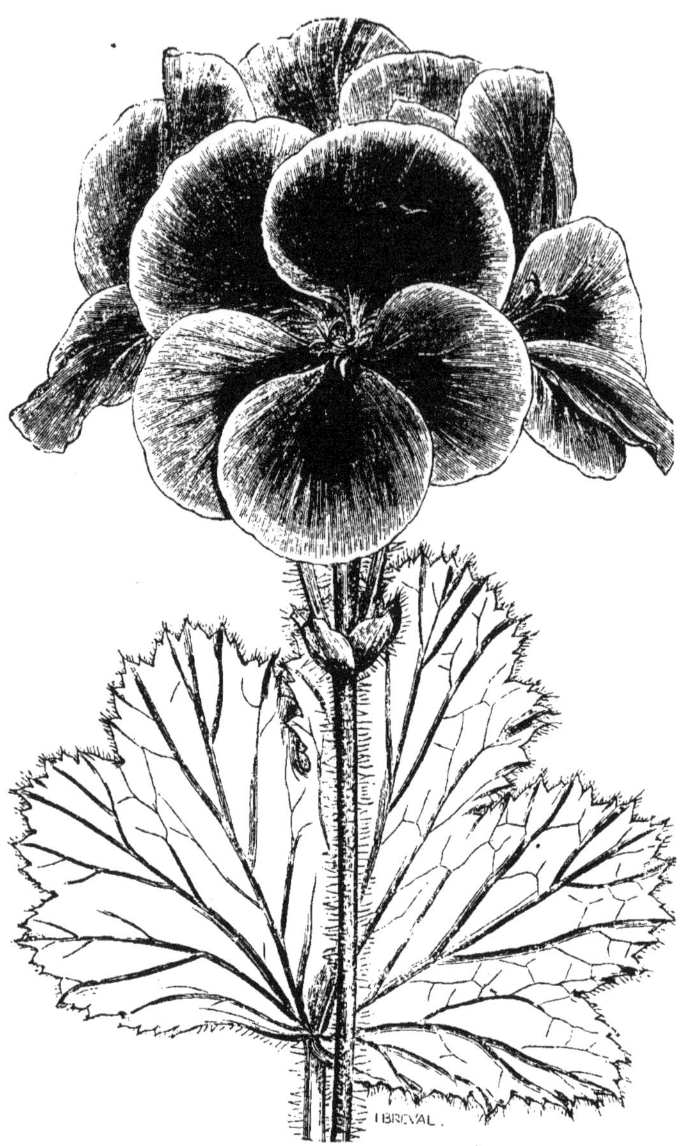

Fig. 2. — Pelargonium à cinq macules.

livrée au commerce. M. Duval continua ses semis, et jusqu'ici nous devons le considérer comme le semeur le plus heureux, car tous les ans ses plantes sont appréciées par les amateurs.

M. Duval avait également perfectionné le genre *diadematum,* qui a eu une grande vogue; mais ce genre a été tellement modifié par la fécondation avec le *P. à cinq macules* et autres, que le véritable type a presque disparu depuis quelques années, et qu'il nous serait difficile d'en indiquer les véritables caractères, à moins de prendre pour types des variétés assez rares dans le commerce, telles que: *P. D. erubescens, Isidorianum, Sidonianum,* etc. De ces croisements et de la fécondation de tous les *Pelargonium* à grandes fleurs, il est sorti des variétés remarquables par leurs riches floraisons, qui sont cultivées abondamment pour les marchés aux fleurs de Paris.

Il n'est pas, du reste, aussi facile qu'on se l'imagine de trouver des plantes qui réunissent les conditions nécessaires pour entrer dans le commerce de la floriculture, et nous pourrions citer plus d'un horticulteur marchand qui, après avoir fait des sacrifices pour se procurer les belles variétés anglaises et autres du *Pelargonium,* a dû renoncer à cette culture, parce qu'elle lui était trop onéreuse. En effet, pour qu'une variété quelconque de *Pelargonium* puisse figurer parmi celles qui doivent alimenter les marchés, il faut qu'elle réunisse les conditions suivantes : d'abord la plante doit être naturellement vigoureuse et d'une croissance rapide; elle doit se former en buisson, avoir des pédoncules courts, de fortes ombelles de fleurs, être multiflore et *remontante,* c'est-à-dire refleurir à l'automne (quant à la forme, on s'en préoccupe peu généralement); enfin, et surtout, elle ne doit pas être sujette à la *mue*, ce qui, en d'autres termes, signifie que les pétales ne doivent pas tomber.

Or, les horticulteurs marchands possèdent un certain nombre de variétés anciennes qui réunissent les conditions que nous venons d'énumérer, et continuent d'y consacrer leurs soins; tels sont, par exemple : le *P. pescatorei, Madame Lemichez, Madame Lansezeur, Grande duchesse Stéphanie, Pline, Gloire de Crimée, Gloire des Marchés, Gloire de Paris,* etc. Ce dernier surtout est cultivé par millier ; sa couleur rouge vif, sa riche floraison, qui se succède une partie de l'été, le font rechercher pour l'ornement des jardins. C'est le seul jusqu'ici des *Pelargonium à grandes fleurs* qui peut être employé avec succès en massif.

L'on cultive encore, pour le marché aux fleurs, une douzaine d'autres variétés que les horticulteurs ont obtenues de semis, qu'ils désignent sous des noms de leurs femmes ou de leurs enfants, mais qui ne sont pas admises dans les collections. Il suffit qu'elles remplissent les conditions désignées ci-dessus, pour les multiplier en quantités. Du reste, même en Angleterre, où le goût de la perfection pour les fleurs de *Pelargonium* est très-répandu, nous sommes toujours surpris, quand nous visitons le marché de Londres, de trouver des variétés aussi mauvaises de forme. C'est sans doute en vertu du même principe et par suite des mêmes observations que nos horticulteurs parisiens préfèrent l'abondante floraison à la forme. Si, dans les collections de choix, nous ne pouvons prétendre à égaler les Anglais pour la forme et le coloris vif et distingué, nous leur reprocherons que le coloris est toujours dans la même gamme de couleur, et que les variations ne sont pas assez tranchées. Nos fleurs de *Pelargonium* sont moins perfectionnées, mais elles ont l'avantage d'être plus variées dans le coloris, et leur floraison est plus abondante.

Nous possédons cependant déjà un certain nombre d'amateurs qui tiennent aux formes et dont les collections tendent chaque jour à s'épurer : nous croyons que si, jusqu'à présent, les plantes à effet ont été l'objet d'une sorte de préférence, le temps n'est pas éloigné où, à l'aide de semis et de choix judicieux, nous aurons des plantes qui à l'effet réuniront des formes convenables. Nous pouvons déjà citer quelques plantes dont les fleurs peuvent rivaliser pour la forme et la beauté du coloris, dans nos genres français, telles que les *P. Monsieur Rouillard, Télémaque, Edmond Boissier, Veuve Lemoine, Madame Thibaut*, etc. Mais lorsqu'on a sous les yeux quelques uns de ces beaux types du genre anglais, tels que les *P. Charles Turner, Jewess, Gladiateur, Elegans, William Hoyle*, etc., on ne peut se lasser d'admirer ces fleurs rondes, dont les pétales fermes et roides ne présentent aucune ondulation, et qui, à une grandeur de presque 0m 04 de diamètre, réunissent un coloris vif et tranché. Un amateur dont la collection renferme quelques-uns de ces types précieux ne peut pas y associer des plantes d'un mérite secondaire. Toutefois, nous ne voulons pas être exclusif : dans une collection en fleurs, il faut tolérer les plantes à effet, ne fût-ce que pour le public; elles servent à garnir les jardinières, les plates-bandes, les gradins, où généralement leur floraison devient plus abondante. D'ailleurs, en dehors des types que nous avons cités, il existe d'autres variétés qui ne sont pas sans mérite, et rien n'empêche de recourir à elles pour produire un effet agréable.

On possède une autre section ou groupe, connu

des amateurs sous la dénomination de *P.* dit *Fantaisie*.
Ce groupe se compose de plantes dont la végétation,
la floraison et la culture diffèrent des autres arbustes du
même genre; elles sont, en grande partie, issues du
P. Anaïs, P. Reine des Français, P. Queen Victoria,
qui, quoique très-anciens, figurent encore dans la plupart des collections. Ces trois *Pelargonium* ont donné,
par les semis, des plantes perfectionnées, parmi lesquelles nous citerons, comme types de la beauté, les
*P. Dorling, Godfrey, Decision, Queen of Roses, Eve-
ning Star, Princess Helena,* etc.

Quoi de plus remarquable que ces charmantes minia-
tures, qui forment naturellement un buisson qui se
couvre de fleurs dont les pédoncules sont tellement
courts, que l'emploi des tuteurs devient inutile? A l'aide
de pincements bien exécutés, on peut en obtenir, dans
le courant d'un seul été, deux floraisons abondantes; et
cependant, peu s'en est fallu qu'elles ne fussent proscri-
tes des collections d'amateurs, sous prétexte qu'elles
sont délicates.

Qu'on nous permette de le dire, ceux qui en ont
abandonné la culture ont eu grand tort, et nous essaie-
rons de leur indiquer, d'après nos propres observations,
un système qui les conduira sans aucun doute à des
succès. Si, après avoir, pendant les premières années où
nous nous sommes livré à cette culture, éprouvé quelques déceptions, si, dis-je, nous avions, cédant à un dé-
couragement mal entendu, abandonné comme eux la
propagation de ces charmantes espèces, nous ne serions
pas en position de dire aujourd'hui, et qui plus est de
prouver, que leur multiplication est aussi facile que
celle des espèces à grandes fleurs, pourvu qu'on y ap-
porte certaines précautions que nous indiquerons quand

nous en serons arrivé à ce qui concerne les *Pelargo-nium Fantaisie*.

Un autre groupe tout à fait distinct, un des plus importants au point de vue de l'ornementation des jardins, comprend les variétés issues des *P. zonale* et *inquinans*.

Vers 1835, M. Mathieu, horticulteur, mit en vente sur le marché aux fleurs un *P. zonale* à fleur rouge vif, qui fit époque, et qu'il vendit cher pendant plusieurs années. Comme, pour la plupart des plantes vendues sur les marchés, les noms sont inconnus aux marchands, notamment pour ces variétés, on le désigna sous le nom de *P. Mathieu*. Quelques années plus tard, d'autres variétés parurent, telles que *Tom-Pouce, Lucia-Rosea*, puis *Boule de neige*. Avec ces trois variétés de couleurs distinctes, les semeurs se mirent à l'œuvre, et quelques années après, l'on en comptait plus de cinquante. Depuis quelque temps, le goût pour ces genres de plantes s'est accru considérablement ; aussi, il arrive que de la quantité des variétés mises dans le commerce tous les ans, il en reste peu dans la culture, après les avoir jugées à la floraison. Pour en donner une idée, l'établissement du fleuriste de la ville de Paris ayant voulu faire une étude de ce groupe de *Pelargonium*, en réunit plus de sept cents variétés, c'est-à-dire sept cents noms. Une commission d'examen en trouva quarante à cinquante à conserver.

Néanmoins, ce genre a un grand mérite par l'emploi qu'on en fait dans tous les jardins pendant l'été.

Un chapitre est consacré à la culture de ce genre ou groupe du *P. zonale* et *inquinans*.

CHAPITRE PREMIER.

Multiplication.

----

1. — *Boutures.*

On peut s'occuper toute l'année du bouturage des *Pelargonium*, mais les mois les plus favorables à cette opération sont compris entre le commencement d'avril et la fin de septembre. Pendant le reste de l'année, il faut, pour réussir, avoir recours à des moyens artificiels, ou se donner une peine que les horticulteurs ne prennent ordinairement que lorsqu'ils tiennent à se procurer des nouveautés. Dans cette dernière circonstance, on place les boutures, soit une à une dans de petits pots, soit dans des terrines de 0ᵐ 08 à 0ᵐ 10 de diamètre, qui peuvent en contenir quatre. Le fond des pots ou des terrines doit être soigneusement drainé. On les place, soit dans une serre chaude et sèche, le plus près possible du jour, soit sous des châssis chauffés au thermosiphon. On doit veiller avec sollicitude à ce que l'humidité ne se dépose pas sur les feuilles, dont elle entraînerait la pourriture, et par suite la perte de la bouture.

Le bouturage du mois d'avril est, à notre avis, celui qui doit être préféré ; c'est, comme nous l'avons dit, l'époque la plus favorable, parce que les plantes bouturées dans ce mois fournissent l'année suivante, au moment de la floraison, les sujets les plus avantageux pour la vente. Nous allons donc entrer dans quelques détails à cet égard.

On prépare sous châssis une couche dont la température puisse s'élever de 20 à 25 degrés centigrades, et on fait la couche assez haute pour qu'il ne reste, entre elle et le châssis, qu'un vide d'environ 0ᵐ 25. On recouvre cette couche de 0ᵐ 05, ou à peu près, de vieille tannée ou de terreau bien consommé. On laisse alors la chaleur se développer, et lorsque la fermentation, qui met ordinairement quatre ou cinq jours à s'établir, a développé la température convenable, on s'occupe de faire ses boutures. Pour cela, on coupe sur la plante mère les branches que l'on veut bouturer, et auxquelles on donne une longueur arbitraire, car on peut même se contenter d'une feuille accompagnée de la portion de tige à laquelle elle adhère. La partie de la tige destinée à être fichée dans le sol doit être un peu taillée en biseau. Il faut avoir soin de retirer, avec un greffoir, toutes les *oreilles* (stipules) qui se trouvent à chaque feuille près de la tige ; ces *oreilles* offrent à l'humidité des réservoirs qui occasionnent trop souvent la pourriture de la jeune plante, lorsqu'on n'a pas pris la précaution de les enlever.

Lorsque les boutures sont ainsi préparées, on les pique, une à une, dans de petits pots, en y joignant une étiquette portant le nom ou le numéro de la plante ; puis on foule la terre assez fortement pour que la bouture ne puisse éprouver aucun ébranlement. On place ces pots, qui doivent avoir environ 0ᵐ 03 de diamètre, à mesure qu'ils sont garnis, sur une petite planche ou sur des plateaux, et ausssitôt qu'on en a formé une rangée, on arrose avec un petit arrosoir à goulot. Il est bon de mettre dans le goulot un morceau de bois qui ne permette à l'eau de s'écouler que goutte à goutte, afin de ne pas former de trou dans la terre du pot, de ne pas ébranler la bouture, et surtout afin d'éviter, dans ce premier arrosement, de faire tomber la moindre goutte de liquide sur les feuilles. Dès qu'un certain nombre de boutures sont disposées comme nous venons de l'expliquer, on les transporte sur la couche, en ayant soin de placer les plus longues du côté où le châssis se trouve le plus élevé, et ainsi graduellement, par rang de taille, jusqu'au côté opposé de la couche.

Si, en enfonçant la main dans cette couche, on trouvait sa température un peu élevée, on devrait se contenter de poser les pots sur le terreau ou la tannée, en appuyant légèrement, et en ayant soin de les placer dans une position bien verticale. Si, au contraire, la chaleur paraît convenable, on enterre les pots dans la couche jusqu'aux trois-quarts de leur hauteur.

Cette opération, sans offrir de grandes difficultés, demande cependant de l'intelligence, et surtout beaucoup de soin. Ainsi, il faut prendre les boutures une à une, en commençant par les plus grandes, comme nous l'avons dit, les poser sur le terreau ou les y enterrer, suivant le cas, placer les pots bien droit, et faire tout cela avec douceur et légèreté, afin de ne causer aucun ébranlement au jeune sujet, si on ne veut compromettre le succès de son travail. Quand tout cela est fait, on remet le châssis en place, en veillant à ce qu'il ferme exactement partout.

Le placement des boutures sur la couche peut exercer une grande influence sur la réussite de l'opération ; il faut choisir, pour l'opérer, un moment où l'air soit calme et où le soleil ne soit pas trop ardent. Il faudra donc, autant que possible, s'en occuper le matin avant neuf heures, ou le soir, si pendant la journée le soleil se montre avec trop d'éclat. Pendant les trois ou quatre

premiers jours, il faudra éviter que le soleil ne vienne
darder ses rayons sur les châssis qui contiennent les
jeunes boutures ; ensuite on les ombrera comme les
boutures des autres plantes. Du reste, il faut inspecter
sa plantation tous les matins, et, dès l'instant où l'on
aperçoit que les jeunes plantes se fanent, on peut être
certain qu'il est temps de leur donner de l'ombre. En
passant cette revue du matin, on verra quels sont les
jeunes sujets qui ont soif, et on les arrosera avec l'arrosoir à goulot dont nous avons parlé ; si on trouve
quelque feuille qui moisisse, on la retranchera ; en un
mot, il faut tenir tous ces plants dans l'état de pro-
preté le plus parfait.

Huit ou dix jours après la mise sous châssis, si la
température est douce, on pourra diminuer un peu
l'ombrage, sans cependant permettre au soleil de darder
directement ses rayons sur les boutures ; elles pourront
également supporter tous les jours un léger seringage
sur les feuilles. Ce seringage devra être donné vers dix
ou onze heures du matin. Au bout de trois ou quatre
semaines, les jeunes plantes doivent être reprises. On
procèdera alors à leur rempotage, comme nous le dirons plus loin.

Le mode de multiplication que nous venons d'indiquer n'est pas le seul qui soit en usage ; mais les autres
n'en sont réellement que des modifications ; les principes ne varient pas. Ainsi, par exemple, au lieu de faire
les boutures une à une dans de petits pots, on peut,
comme nous l'avons dit en parlant des boutures d'hiver,
en placer plusieurs dans une terrine. On peut encore
remplacer le terreau ou la vieille tannée, qui sert à enterrer les pots ou les terrines, par de la terre de bruyère
ou de la terre mélangée, spécialement propre à la cul-

ture des *Pelargonium ;* on en recouvre la couche d'une épaisseur de 0^m 05 à 0^m 08, on la tasse avec une planche, et on pique ses boutures par rang, en ayant soin de mettre en tête de chaque ligne le numéro et le nom de la plante. Quand on procède de cette manière, il faut avoir soin de laisser entre chaque bouture une distance suffisante pour qu'elles ne se gênent pas. Après la plantation, on donne, avec les précautions indiquées plus haut, un léger arrosement, et on remet les châssis. Quant aux autres soins, ils sont les mêmes que ceux que nous avons décrits.

Un grand nombre d'horticulteurs donnent peu d'ombre à leurs boutures, ce qui ne les empêche pas de réussir ; le seul inconvénient que nous trouvons à ce procédé, c'est que ces boutures se fanent, perdent leurs feuilles et sont plus longtemps à former leurs racines que par notre système. En ombrant comme nous l'avons dit, les racines se développent presque sans perte de feuilles, et on obtient ainsi, au moment de la vente, des plantes mieux disposées à prendre naturellement une forme agréable.

Les boutures faites pendant l'été exigent moins de soins que celles qu'on fait en avril. L'opération consiste à les préparer comme nous l'avons indiqué ; on les pique ensuite dans des pots. ou dans des terrines drainées ; puis on les arrose abondamment. On place les vases sous un châssis froid, en ayant soin de bien ombrer. On peut encore planter ces boutures sur la tablette d'une serre qu'on a garnie de 0^m 05 de terre environ ; on laisse les panneaux en place pendant le temps de la reprise. Enfin, on peut aussi les piquer en plein châssis, sur une vieille couche que l'on recouvre de 0^m 07 ou de 0^m 08 de terre de bruyère mêlée de terreau.

Nous donnerons comme règle générale qu'on ne doit pas préparer ses boutures trop longtemps à l'avance ; il faut employer dans la journée celles qu'on a coupées le matin. Si on les met à la cave ou en jauge, si on jette de l'eau dessus, si même on se contente de les mettre à l'ombre, il en résulte souvent des inconvénients qui nuisent à la reprise de la jeune plante : les feuilles jaunissent et tombent ; il ne reste que la sommité de la bouture, et on se trouve avoir des plantes, de 0ᵐ 10 à 0ᵐ 15 de hauteur, entièrement dépourvues de feuilles, et auxquelles il n'est plus possible de donner une forme agréable.

2. — *Semis*.

Le bouturage suffit lorsqu'on veut se borner à multiplier de belles plantes ; mais pour obtenir des variétés nouvelles, il est indipensable de recourir aux semis. Nous allons nous occuper de cette partie importante, qui a déjà procuré à l'horticulture de si remarquables acquisitions.

C'est vers le commencement d'août ou de septembre que les graines de *Pelargonium* sont bonnes à récolter.

Dès que la récolte est faite, on dispose des terrines de 0ᵐ 08 à 0ᵐ 12 de diamètre, qu'on remplit de terre de bruyère passée au tamis, après les avoir drainées. On foule légèrement cette terre, qui doit être plutôt humide que sèche ; puis on dépose les graines à la surface, en mettant entre chacune d'elles une distance d'environ 0ᵐ 015. Cela fait, on recouvre faiblement les graines avec la même terre, et on donne un bon bassinage avec un arrosoir à pomme très-finement percée, de manière à ne pas les déranger et à ne pas les découvrir. On place ensuite les terrines sous un châssis froid ou sur une vieille couche, en ayant soin de ne pas les enterrer trop profondément, afin que leur surface ne se trouve pas éloignée de plus de 0^m 15 à 0^m 20 du verre du châssis.

Ce semis demande à être ombré, soit avec des claies, soit avec de vieux paillassons, jusqu'à ce que la germination soit complète. Lorsque le soleil est un peu vif, il faut le visiter tous les jours, afin d'arroser quand la terre se dessèche. Lorsque les jeunes plantes auront deux ou trois feuilles, on donnera de l'air tous les jours, afin qu'elles ne s'étiolent pas. Dès qu'elles seront pourvues de quatre ou cinq feuilles, il sera temps de s'occuper de les séparer. Cette opération demande du soin, car il faut prendre garde d'endommager les racines. On les plante dans des pots de 0^m 05 à 0^m 06 de diamètre, et on leur donne un bon bassinage. Lorsque le rempotage est terminé, on place les pots sous un châssis à froid ou sur une vieille couche, et l'on prive les plantes d'air et de soleil, jusqu'à ce qu'elles aient formé de nouvelles racines. Lorsque la reprise est asssurée, on soulève les châssis pour donner de l'air, et on cesse d'ombrer. En un mot, on traite le jeune plant comme on traiterait des boutures rempotées.

On pourrait effectuer les semis au printemps, en ayant soin de placer les terrines sur une couche tiède ; mais les semis faits à cette époque demandent beaucoup de soins, et le jeune plant est souvent exposé à moisir. Un autre avantage des semis d'automne est de donner des plantes qui fleurissent dans le courant de l'été suivant, c'est-à-dire après neuf ou dix mois de culture, tandis que les semis du printemps ne donnent des sujets susceptibles de fleurir qu'au bout de quatorze ou quinze mois. De plus, il n'est pas indifférent, surtout pour les horticulteurs marchands, d'avoir à hiverner de petites plantes, qui prennent peu de place, plutôt que des plantes déjà faites, qui en demandent bien davantage. Nous engagerons donc nos lecteurs à préférer, autant que possible, les semis d'automne à ceux de printemps.

3. — *Marcottage.*

On peut aussi multiplier les *Pelargonium* par marcottes ; mais ce procédé offrant beaucoup plus de difficultés que le bouturage, nous ne le mentionnons que, pour mémoire.

4. — *Greffe.*

Bien que ce moyen de multiplication soit peu usité pour les *Pelargonium*, nous ne devons cependant pas le passer complètement sous silence. Il y a une dizaine d'années, c'est-à-dire à l'époque de l'apparition des premiers *Pelargonium Fantaisie*, on n'avait pas encore trouvé les procédés de culture qui leur convenaient ; on se procurait difficilement des branches propres à faire de bonnes boutures ; on recourait donc, à défaut d'autre ressource, à la greffe pour les multiplier, et, dans l'espoir de rendre plus vigoureuses ces espèces un peu délicates, on prenait pour sujets des *Pelargonium* à grandes fleurs. Nous avons vu obtenir par ce moyen des plantes fortes et vigoureuses ; mais n'ayant jamais, depuis plusieurs années, rencontré d'espèces qui se soient montrées rebelles au bouturage, ce moyen nous paraît devenu complètement inutile.

5. — *Racines.*

Nous avons trouvé il y a peu de temps, en lisant les

journaux d'horticulture anglais, un moyen de multiplier les *Pelargonium* par leurs racines. Ce moyen
consiste à couper les racines par tronçons de 0ᵐ 02 ou
0ᵐ 03 de longueur, et à placer ces tronçons dans des
pots remplis de terre. On les recouvre ensuite de 0ᵐ 01
ou 0ᵐ 02 de même terre ; on arrose, et on met les pots
sous châssis. Chaque tronçon produit une plante.

Nous ne nous prononcerons pas sur le mérite de ce
mode de multiplication, que nous n'avons pas eu l'oc-
casion de mettre à l'épreuve ; mais nous avons observé
plusieurs faits qui semblent venir à l'appui de ce qu'a-
vance le journal anglais. Ainsi, par exemple, si un pied
de *Pelargonium* vient à être brisé à ras de terre en
donnant les soins de culture nécessaires, et qu'on abandonne les racines à elles-mêmes, on ne tarde pas à voir
se développer, à la surface du sol, une masse de petits
bourgeons qu'on peut facilement s'assurer, en dépotant
la plante, provenir des racines auxquelles ils adhèrent.
Rien ne s'oppose donc à ce qu'on tente ce mode de
propagation.

CHAPITRE II.

Direction du jeune plant provenant de semis ou de boutures.

Bien que nous n'ayons pas épuisé tout ce que nous avons à dire au sujet du bouturage, nous devons, pour suivre la marche de la plante, abandonner ce qui est relatif à sa production, pour nous occuper du moyen de faire du sujet qu'on a obtenu, par l'un des modes de multiplication dont nous avons parlé, des plantes robustes et d'une forme agréable. Nous reviendrons en temps utile sur ce que nous avons à ajouter pour terminer ce qui a trait au bouturage.

Nous supposerons donc que les boutures que l'on a faites en avril ou au commencement de mai sont bien enracinées, et nous partirons de cette hypothèse. On rempote les boutures dans des pots de 0ᵐ 05 à 0ᵐ 07 de diamètre, en affectant, bien entendu, les plus grands aux plantes les plus vigoureuses, et les plus petits aux plantes faibles. Après cette opération, on donne un bon bassinage, et on replace les pots, le plus droit possible, sous un châssis, sur une vieille couche qui cependant ne devra pas avoir perdu toute sa chaleur. On les prive d'air, et on les préserve du grand soleil pendant huit à dix jours. Lorsque les plantes ainsi rempotées ont formé de nouvelles racines, ou, si l'on aime mieux, lorsqu'elles sont reprises, on les passe en revue attentivement pour les débarrasser des mauvaises feuilles, etc., et on opère le pincement.

De ce premier *pincement*, de cette première taille,

dépend la beauté future de la plante ; il faut donc y procéder avec soin. En règle générale, il faut *pincer*, ou *rabattre*, le plus bas possible, c'est-à-dire à deux ou trois yeux munis de leurs feuilles (fig. 3). C'est la quantité de

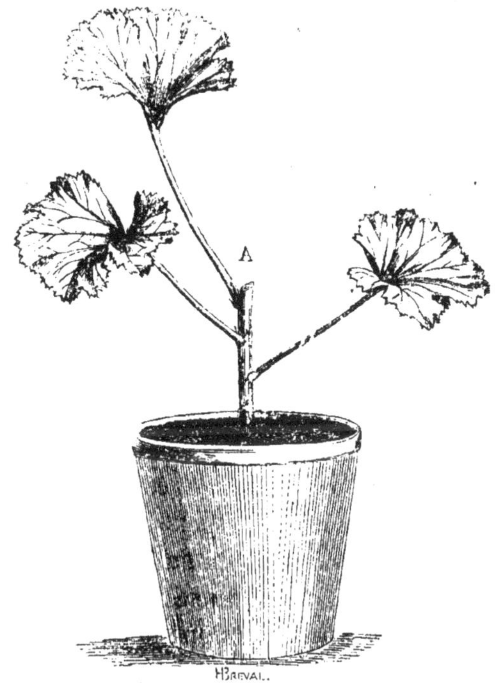

Fig. 3. — Pincement.

feuilles qu'il faut prendre pour base du pincement ; mais, tout en rabattant le plus possible, on doit conserver sur chaque sujet assez d'yeux et de feuilles pour assurer le développement de deux ou trois bourgeons ou branches accessoires. Lorsque le pincement est opéré, on replace les pots sous les châssis, en les espaçant de manière à ce que les feuilles ne se touchent pas, ou du moins de manière à ce que les feuilles de l'un ne couvrent pas la tête de l'autre. On remet les châssis, mais on donne le plus d'air possible, tant la nuit que le jour.

Un mois ou six semaines environ après le pincement, lorsque les jeunes pousses ont atteint une longueur de 0^m 02 à 0^m 03, on s'occupe du second rempotage, qui s'effectue dans des pots ayant 0^m 03 ou 0^m 04 de diamètre de plus que les précédents. En faisant cette opération, on examine avec soin chaque plante, on se rend compte de sa végétation, et on établit sa charpente sur deux, trois ou même quatre branches, si celles-ci sont disposées d'une manière favorable. Lorsqu'on a fait choix de ces branches, on retranche tous les autres bourgeons, quelle que soit la place qu'ils occupent sur la tige.

Tout en faisant ce travail, on attache à de petits tuteurs, dont on doit avoir eu soin de se munir à l'avance, les branches qui restent sur l'arbuste, afin de leur donner une bonne direction, car il arrive souvent que ces branches tendent à se rapprocher l'une de l'autre. Quand on a laissé ce défaut se produire, on a recours aux tuteurs pour les écarter, afin de laisser le centre de la plante libre, pour que l'air puisse y circuler. Cette opération demande du soin, car les jeunes rameaux se brisent facilement. Il vaut mieux alors attendre une dizaine de jours après le rempotage, parce que la terre a eu le temps de se tasser un peu et offre par conséquent plus de solidité pour le placement des tuteurs.

Le rempotage terminé, on arrose et on replace les pots sous châssis froid ou sur une vieille couche (1), en les

____

(1) Nous nommons *vieilles couches* celles qui ont été faites en février ou mars. En général, les plantes *molles* se trouvent mieux d'être placées sur des couches que sur le sol nu, sous châssis à froid.

espaçant comme nous l'avons dit plus haut. Lorsque les plantes ont émis de nouvelles racines, on peut enlever les vitrages lorsqu'il fait beau, et même leur laisser recevoir une certaine quantité de pluie ; mais si celle-ci persistait pendant plusieurs jours, il faudrait remettre les châssis. Pour être plus certain de réussir, il vaut mieux ne retirer le châssis que pendant les jours sereins. Mais s'il faut éviter que les plantes ne s'étiolent, il ne faut pas non plus les laisser durcir ; c'est donc là ce qu'il faut examiner pour donner ou retirer l'air en temps opportun. Des bassinages donnés le soir, vers quatre ou cinq heures, lorsque la journée a été chaude, seront très-favorables aux jeunes plantes et contribueront à assurer leur développement.

Nous avons entendu quelques personnes donner le conseil de ne soumettre les *Pelargonium* qu'à un seul rempotage, et de les mettre de suite dans des pots d'un grand diamètre, afin de leur permettre de prendre tout le développement possible. Jusqu'à ce qu'il nous soit prouvé que cette méthode est meilleure que la nôtre, nous n'engagerons personne à la suivre ; car, bien qu'elle ait réussi pour des plantes ayant une certaine conformité de nature avec celles qui nous occupent, rien ne prouve qu'elle serait aussi avantageuse pour celle-ci que des rempotages fréquents et successifs, dont le résultat est d'amener un développement régulier et proportionné des tiges et des racines, et de prévenir un développement de végétation qui pourrait nuire à la floraison.

Arrivés à cette période de leur existence, les *Pelargonium* ne demandent plus que des soins ordinaires, arrosages, nettoyages, etc., jusque vers la fin du mois d'août. A cette époque, on examine de nouveau ses plantes, et on taille les branches mères, celles qu'on a laissé subsister au deuxième rempotage, en les rabattant sur deux ou trois yeux, selon leur disposition, et suivant aussi qu'il est nécessaire pour former une tête bien régulière. On supprime ensuite toutes les autres brindilles et les bourgeons; puis on replace les pots sous châssis, en leur donnant le plus d'air possible.

Quinze jours environ après cette taille, lorsque les nouveaux bourgeons ont atteint une longueur de 0m 02 à 0m 03, ou lorsqu'ils seront *bien repartis*, comme on le dit en terme de jardinage, on procède à un nouveau rempotage, que nous nommerons *rempotage d'hiver*. Cette fois, au lieu de donner au jeune plant des pots d'un diamètre plus grand que les précédents, on le replace dans des pots d'un diamètre égal, ou même un peu inférieur; c'est à la vigueur des plantes à en décider. On diminue la motte de moitié environ, et on la place dans le nouveau pot, qui doit, au préalable, avoir été soigneusement drainé. Après ce rempotage, et l'arrosage qui doit toujours suivre cette opération, on rentre le jeune plant dans la serre qui lui est destinée, et dont nous parlerons plus loin.

Le placement des plantes dans la serre est loin d'être chose indifférente; il faut les y disposer par rang de taille, en mettant les plus hautes sur le gradin le plus élevé, et ainsi de suite; si on a commencé à garnir le premier gradin par la gauche, il faut observer le même ordre pour tous les autres. De plus, les pots ne doivent pas être placés en ligne droite, les uns vis-à-vis des autres, mais en échiquier; c'est le meilleur moyen, et celui qui procure la plus grande économie de place, pour éviter que les plantes ne se touchent, condition très-essentielle, et pour la réalisation de laquelle il faut bien plus considérer le volume de la tête du jeune arbuste que la position relative du pot lui-même. Si, dans le centre des plantes, il y avait un peu de confusion par suite d'une trop grande abondance de feuilles, il serait bon d'en retrancher quelques-unes, de manière à laisser à l'air une circulation parfaitement libre. C'est au défaut de circulation de l'air qu'il faut attribuer, pendant l'hiver, la perte d'un grand nombre de plantes. Trop souvent on les entasse les unes sur les autres; alors l'humidité s'en empare; on néglige ou on oublie de faire du feu, et lorsque le printemps revient, au lieu de se trouver possesseur d'une centaine de *Pelargonium* vigoureux et bien constitués, on en a le double, mais étiolés, grêles, souffreteux, et qui souvent, après une chétive et courte floraison, ne sont plus bons qu'à être jetés au fumier.

Lorsque les pots sont placés sur les gradins, les plantes qu'ils contiennent ne demandent plus que des soins faciles à donner; ainsi, tous les jours, muni d'un arrosoir, on parcourt la serre et on arrose celles dont la terre paraît trop sèche. Il ne faut pas non plus arroser trop abondamment, mais seulement de manière à entretenir une légère humidité. Il faut avoir soin aussi de tenir les plantes bien nettes; si quelque feuille paraît se gâter, on l'enlève. La tournée du nettoyage peut être faite tous les quinze jours à peu près; on en profite pour retourner les pots, c'est-à-dire pour placer du côté d'où vient la lumière la partie de la plante qui précédemment y était opposée. Sans cette précaution, une partie de l'arbuste se développerait beaucoup plus que l'autre, et nous n'avons pas besoin de dire à nos lecteurs que celle qui recevrait le plus de jour aurait bientôt dominé celle qui en recevrait le moins.

Les soins que nous venons d'indiquer conduiront les horticulteurs jusqu'à la fin de février ou au commencement de mars. A cette époque, on se munit de tuteurs, afin d'en donner aux plantes qui seraient trop rameuses, aussi bien qu'à celles qui auraient pris un trop grand développement. Ce dernier inconvénient est peu à redouter lorsque le pincement et l'ébourgeonnement ont été faits comme nous l'avons indiqué plus haut; mais il n'est pas rare de voir des plantes porter des rameaux très-rapprochés, et qui, s'opposant à la libre circulation de l'air, entraînent l'étiolement et bientôt la perte du sujet. Au moyen des tuteurs, on écarte ces rameaux les uns des autres, de manière à dégager le centre de la plante, pour que l'air puisse circuler avec facilité et que les branches puissent acquérir la vigueur nécessaire pour former de beaux arbustes. On replace ensuite les pots sur les gradins, en observant toujours de les mettre à une distance suffisante pour que les jeunes arbres ne se touchent pas. On profite de cette revue générale pour mettre à part les plantes dont la conformation n'est pas satisfaisante, et on les ramène par le pincement et la taille à celle qu'on voulait leur donner. Elles fleuriront un peu plus tard, c'est-à-dire vers la fin de juin ou en juillet.

Dans les premiers jours d'avril, on procède à un nouveau rempotage. On diminue très-légèrement la motte, et on donne à la jeune plante un pot d'un tiers plus grand que celui dont on la retire. Ces pots doivent être bien drainés, et nous dirons ici, une fois pour toutes, que ce drainage est toujours nécessaire et qu'il convient à tous les genres de végétaux élevés dans des pots ou des terrines. Il est important, en faisant le rempotage qui nous occupe, d'employer des pots bien proportionnés à la vigueur et au développement de la plante qu'ils doivent contenir. L'habitude fera promptement reconnaître ce qu'il convient de faire. Le rempotage terminé, ou même tout en l'effectuant, on continue à donner des tuteurs aux branches faibles, à écarter celles qui sont trop ramassées ; en un mot, on donne à la plante la forme qu'on désire qu'elle garde à l'avenir. Nos voisins les Anglais mettent un tuteur à chaque branche et dirigent leurs arbustes de telle sorte que, dans les expositions, pas une fleur ne dépasse l'autre ; nous ne nous prononcerons pas à ce sujet ; mais il nous semble que cette manière d'agir doit entraîner une perte de temps qui n'est compensée par aucun résultat important ; beaucoup d'amateurs même trouvent que cette forêt de tuteurs (nous avons vu des plantes qui en avaient plus de cinquante) n'a rien d'agréable à l'œil. Nous penchons fort vers leur avis ; aussi ne mettons-nous à nos jeunes plantes que le nombre de tuteurs indispensable pour leur donner une forme convenable. Après le rempotage, on arrose un peu abondamment la terre des pots avec un arrosoir à pomme ; puis on replace les pots sur les gradins ou les tablettes, pour attendre le moment de la floraison.

On peut employer pour tuteurs du bois de sapin fendu et arrondi en forme de baguettes que l'on fiche en terre, soit droites, soit dans une position inclinée, et auxquelles on attache les branches de l'arbuste avec de la natte. On peut encore, pour éviter la multiplicité des tuteurs, placer autour du pot une ficelle à laquelle on noue des brins de natte fixés par l'autre extrémité à la charpente du sujet ; on abaisse ainsi progressivement les branches qui s'emportent, afin de ralentir leur végétation. Mais ce procédé demande beaucoup de soins, car les tiges du *Pelargonium* sont très-fragiles ; il faut donc se borner à augmenter légèrement l'inclinaison chaque jour, jusqu'à ce que la branche occupe la position qu'on veut lui donner. En agissant avec précaution, on peut parvenir à forcer les pousses extrèmes à recouvrir presque complètement la surface du pot.

CHAPITRE III.

Quinze jours ou trois semaines après le rempotage, c'est-à-dire vers la fin d'avril ou le commencement de mai, on sort les *Pelargonium* de la serre, à moins que celle dans laquelle ils ont passé la mauvaise saison ne soit munie de châssis mobiles qu'on se borne alors à enlever. Il est bon de mettre les jeunes plantes, à leur sortie de la serre, dans les coffres qui sont libres, en les plaçant à une distance telle qu'elles ne se touchent pas. On laisse les jeunes arbustes à l'air libre, et il n'y a même point d'inconvénient à les laisser exposés à la pluie ; si cependant celle-ci tombait avec une trop grande abondance, il faudrait remettre les châssis sur les coffres, afin de les en préserver. Il faudrait également recourir aux châssis si l'on avait à craindre des gelées tardives ou des nuits un peu froides, en un mot toutes les fois qu'une intempérie quelconque peut faire courir quelque danger aux jeunes plantes. Si l'on n'avait à sa disposition ni coffre, ni châssis, il faudrait donner aux plantes un abri d'une autre espèce, les mettre, par exemple, près d'un mur qui pût les préserver des atteintes du vent du nord. Au moyen de quelques échalas, on forme devant et par-dessus une espèce de treillage sur lequel on dispose des paillassons lorsque le temps fait craindre de la gelée.

Quel que soit celui des moyens ci-dessus indiqués auquel on ait eu recours, on laisse les plantes en place jusqu'à ce que les boutons soient parvenus à leur parfaite grosseur ; on les rentre alors dans la serre, où on les remet sur les gradins, et on donne autant d'air que possible. Lorsque la floraison commence, on se munit d'une toile claire, à l'aide de laquelle, depuis dix heures du matin jusque vers trois ou quatre heures du soir, selon l'exposition de la serre, on ombre pendant que le soleil darde ses rayons sur elle. On prolonge ainsi de beaucoup la durée de la floraison. Lorsque celle-ci est complète, on groupe les arbustes, selon le goût du maître, presque au niveau du sol, de manière à pouvoir, d'un coup d'œil, embrasser toutes les sommités des plantes. Les soins qu'exigent dans ce moment les *Pélargonium* sont d'une exécution facile ; il ne s'agit que d'arroser, de tenir les plantes propres, et de remplacer, au fur et à mesure, celles qui sont un peu avancées par celles dont la floraison commence. On peut ainsi, pendant cinq ou six semaines, jouir d'un beau gradin ou d'un amphithéâtre de plantes en pleine fleur.

A mesure qu'on retire une plante défleurie, on retranche tous les pédoncules des fleurs, à moins qu'il ne se trouve dans la collection une variété dont on veuille récolter la graine ; dans ce cas, on laisse les pédoncules, et on met la plante dans un endroit propre à amener cette graine à maturité. On forme avec les autres des planches ou massifs de verdure, en ayant soin d'enterrer un peu les pots, jusqu'aux deux tiers par exemple, de manière à les mettre à l'abri des coups de vent qui pourraient les renverser et casser des branches. Quant aux porte-graines, il faut les visiter tous les matins, jusqu'au moment de la récolte.

CHAPITRE IV.

Taille.

1. — Rabattage d'automne.
Rempotage des plantes mères ou formées.

C'est vers la fin d'août ou dans la première quinzaine
de septembre qu'on doit procéder au rabattage (fig. 4).

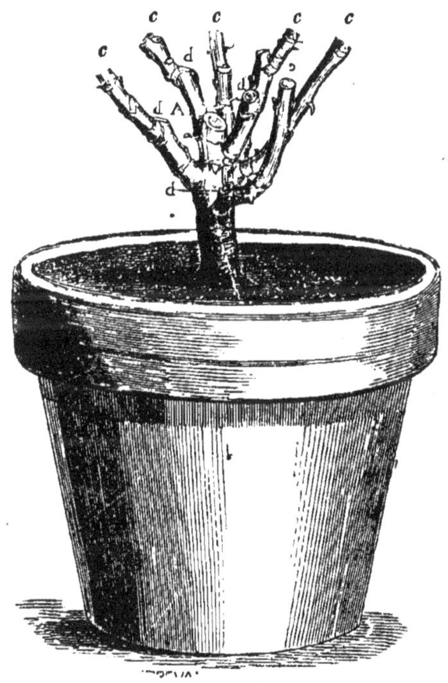

Fig. 4. — Rabattage.

A. 1er rabattage.
b. 2e rabattage.
c. 3e rabattage.
d. Branche supprimée.

Il consiste simplement à couper toutes les tiges à 0m 02
ou 0m 03 au-dessus de la première taille, de manière à

ne laisser à chaque branche que deux ou trois yeux.
On est souvent obligé de supprimer des branches entières, lorsqu'elles se trouvent trop serrées les unes contre les autres. Le but de cette opération est d'établir sur
chacune des branches mères une charpente bien dis-
tribuée, de telle sorte qu'après la taille la plante offre
une surface à peu près plane. Après le rabattage, on
place les pots à nu sur le sol sans les enterrer et à l'air
libre, mais à la condition que l'automne ne soit pas trop
pluvieux; nous préférons les mettre dans des coffres ou
bâches, où l'on peut mettre des châssis dessus, en cas
de mauvais temps, ou bien nous les rentrons dans la
serre, en ayant soin de donner grand air, en tenant les
châssis ouverts le plus possible. Les arrosages doivent
être modérés pendant la première quinzaine.

La taille ne doit jamais être retardée au delà de l'é-
poque que nous avons assignée; il vaudrait même
mieux la devancer un peu, dût-on sacrifier quelques
fleurs, et même quelques boutons : c'est une des conditions de succès. Quant à la forme, nous préférons
celle d'un buisson bas et étalé ou d'une boule bien
arrondie, quoiqu'elle ne soit pas la plus facile à obtenir;
mais, sous cette dernière forme, les fleurs sont généralement mieux réparties que sous toutes les autres, et
leur masse présente une richesse d'aspect qu'on n'obtient qu'en y recourant. Elle exige une taille très-courte
qui n'offre pas de difficulté sérieuse, mais qui demande
de l'attention. Il faut veiller à une égale répartition de
la sève dans toutes les parties de l'individu, afin que
les branches supérieures ne l'absorbent pas au détriment des inférieures; on y parvient à l'aide de pincements faits en temps utile et avec discernement.

Lorsque la plante est *repartie,* et quand les nouvelles

pousses ont atteint une longueur de 0^m 01 à 0^m 03, on procède au rempotage. Cette fois on diminue la motte des deux tiers ou même des trois quarts, et on se sert de pots d'un diamètre tel que la motte réduite puisse être entourée de 0^m 05 à 0^m 08 environ de terre neuve.

Les pots, nous l'avons dit, doivent être drainés. Après le rempotage, on arrose, et on rentre les pots dans la serre, où on les dispose comme nous l'avons expliqué précédemment.

Depuis notre première édition, nous avons essayé le rempotage avant le rabattage, et nous le conseillons, puisque nous en avons obtenu de bons résultats.

Nous avons observé que depuis le rempotage d'avril jusqu'à celui d'octobre, six mois se passaient sans rempoter les plantes, dans le moment où elles végètent, fleurissent et donnent leurs graines, et qu'avec de la vieille terre décomposée, les jeunes pousses sortent plus difficilement ; de plus, le rempotage d'octobre se trouve fait trop tardivement : bientôt la végétation va cesser, et souvent les plantes ont à peine fait des racines quand celui du printemps est arrivé.

Alors nous rempotons nos plantes du 1er au 15 août, et du 1er au 15 septembre nous les rabattons ; comme elles sont pourvues de toutes leurs branches, elles facilitent l'émission des nouvelles racines, et par conséquent les nouvelles pousses sortent plus vigoureusement et beaucoup plus vite.

Règle générale : l'on ne doit jamais rempoter dans des pots mouillés, c'est-à-dire que si les pots ne sont pas à l'abri, il faut les rentrer quelque jours à l'avance ; ne pas les employer quand on les retire du rempotage sans les faire sécher, et bien les nettoyer afin qu'il ne reste plus de vieille terre à l'intérieur ; en un mot, il

faut que les pots qui ont déjà servi soient aussi propres
que les neufs, et si l'on pouvait se donner le luxe de les
laver en dedans et en dehors, ce serait encore mieux.

2. — *Bouturage d'automne.*

C'est en s'occupant du rabattage dont nous venons de
parler qu'on procède au bouturage d'automne, dont
nous avons entretenu nos lecteurs lorsque nous avons
décrit la manière de faire les boutures. Nous nous bornerons à ajouter ici que, si on avait de la place disponi-
ble, il serait bon de les rempoter une seconde fois à la
fin d'octobre ou en novembre, en leur donnant des pots
un peu plus grands. Dans le cas contraire, ces boutures
peuvent passer l'hiver dans les pots où elles ont été placées précédemment. En mars on les rempote ; on les
pince comme s'il s'agissait des boutures faites au commencement de la saison, jusqu'à ce que les plantes soient
formées.

Les meilleures branches pour faire les boutures sont
les pousses supérieures, lorsqu'elles sont bien garnies
de feuilles et de bourgeons ; quant à leur longueur,
elle est facultative ; en général, quatre yeux suffisent
pour former par la suite une belle plante.

Quand les *Pelargonium* atteignent un certain âge et
de certaines dimensions, leur centre se dégarnit, et il
devient presque impossible de leur conserver une forme
satisfaisante ; nous engagerons donc les amateurs à ne
pas garder, du moins comme modèle, leurs arbustes
au delà de quatre ou cinq ans ; or, comme il faut à peu
près deux ans pour former un bel exemplaire, on voit
qu'il est nécessaire de s'occuper chaque année de la di-

rection d'un certain nombre de jeunes sujets, afin d'avoir toujours la perspective d'une floraison splendide. Ce moyen, en outre, permet d'épurer chaque année la collection, en abandonnant des variétés devenues inférieures pour celles dont le commerce enrichit chaque année cette branche de la floriculture.

CHAPITRE V.

Culture des Pelargonium Fantaisie.

La culture de ces variétés est à peu près la même que
celle des autres ; cependant elle comporte des différences que nous allons indiquer, afin d'éviter des échecs
à ceux qui s'en occupent. Ainsi, par exemple, ces plantes étant assez délicates, il ne faut pas les laisser à
l'air libre pendant leur jeunesse. Une pluie un peu trop
prolongée peut les faire périr, ou du moins leur être
très-nuisible. Il est donc prudent de les tenir sous
châssis, en leur donnant beaucoup d'air, à moins que
le temps ne soit tout à fait au beau. Dans ce cas, on enlève les panneaux, opération qui ne peut leur être que
favorable.

On peut élever le jeune plant sous châssis, comme
nous l'avons indiqué pour les boutures des espèces ordinaires ; mais son séjour dans les coffres ne doit pas
se prolonger au delà de la fin de juillet. Il est de beaucoup préférable, dès que les jeunes sujets sont bien
enracinés, de les ranger sur les tablettes ou gradins de
la serre à *Pelargonium*, car ces variétés ne se trouvent
pas bien dans des pots déposés simplement sur le sol,
et elles n'aiment pas à être enterrées. La serre dans laquelle on rentre les pots doit être parfaitement aérée, et
il faut laisser entre les plantes un espace suffisant pour
que l'air circule en toute liberté.

Les *Pelargonium fantaisie* (fig. 5) demandent à être
fréquemment inspectés ; à chaque visite on change la
position des pots ; on nettoie les plantes, on retranche les
bourgeons nuisibles, on pince les autres pour arrondir

les sujets, et on ne les laisse pas fleurir pendant cette première saison. Il faut donc pincer tous les boutons. Cette opération est essentielle, car, dans ces variétés, la plante est encore à l'état de bouture que déjà les boutons se développent, et ils s'épanouissent bientôt si on n'y met ordre. Lorsqu'on néglige de retrancher les boutons, la plante s'épuise ; il pousse des rameaux à fleurs, mais la partie ligneuse ne se consolide pas. On a alors des sujets chétifs, qui souvent n'ont pas assez de vigueur pour passer l'hiver. Si au contraire on réprime sévèrement la tendance florifère de l'arbuste, le bois se forme bien, et, au moyen de deux ou trois pincements échelonnés dans le courant de l'été, les boutures faites en avril et mai forment des plantes vigoureuses à l'automne, et indemnisent, par une belle floraison, qui se développe au mois de mai suivant, de la privation momentanée qu'on s'est imposée l'année précédente.

Nous n'avons rien de particulier à dire pour ces variétés relativement aux rempotages ; on peut procéder à cette opération conformément à ce que nous avons indiqué pour les *Pelargonium* à grandes fleurs, avec cette seule différence qu'il faut s'en occuper une quinzaine de jours plus tôt.

Rien n'est plus facile que de prolonger la floraison de ces jolies plantes en recourant avec persévérance au pincement. Ainsi, par exemple, on pince, en mars, une partie des sujets qui devaient fleurir les premiers, et dont la floraison se trouve ainsi retardée. On procède de même en avril, en mai, et on atteint ainsi le moment où les boutures d'automne, traitées comme nous l'avons dit plus haut, donnent enfin, en août et septembre, leur contingent de fleurs.

Nous avons souvent entendu des amateurs. et même

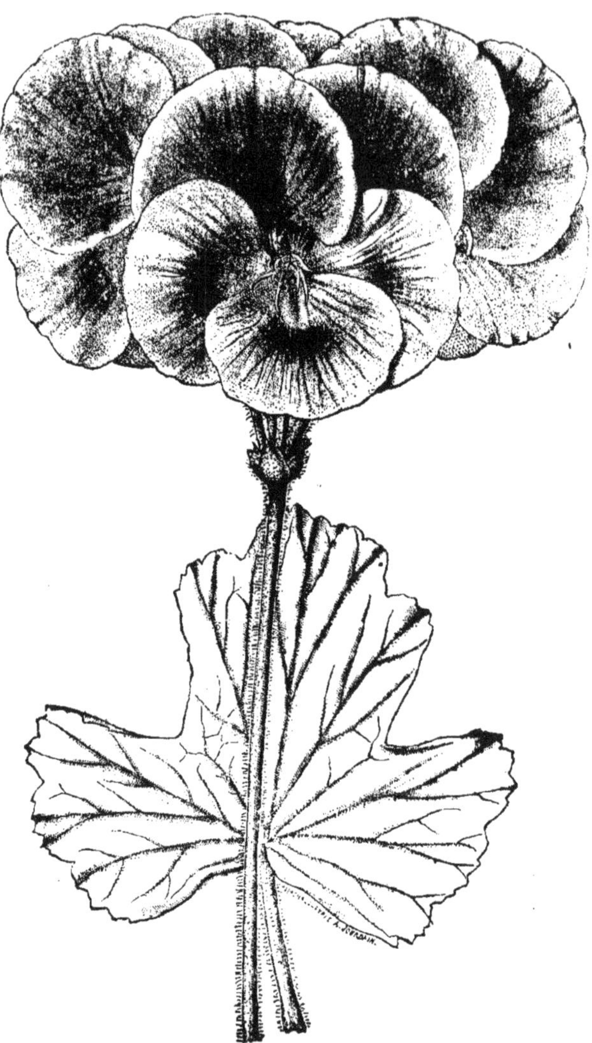

Fig. 5. — Pelargonium fantaisie.

des horticulteurs de profession, se plaindre de la difficulté qu'ils éprouvaient à faire des boutures, au moment du rabattage d'automne, parce qu'ils ne trouvaient sur leurs plantes que des rameaux florifères, et peu ou point de rameaux à bois. Il ne saurait en être autrement quand on a laissé, dans l'origine, la plante s'épuiser à produire des fleurs. Mais quand bien même on n'aurait pas procédé comme nous l'avons indiqué, c'est-à-dire si on avait négligé de retrancher les boutons à fleurs en mars ou avril, il y aurait encore un remède au mal : il faudrait, un mois avant le moment du bouturage, faire choix des plantes qu'on se propose de multiplier, et en retrancher toutes les fleurs et tous les boutons. Dans cet état, la partie ligneuse se développera, et on aura pour les boutures un bois tendre et vigoureux à la fois, qui permettra d'agir, pour le *Pelargonium Fantaisie*, avec autant de succès que pour les autres variétés.

Le rabattage des plantes vigoureuses, de celles qu'on est forcé de rabattre sur le vieux bois, s'opère de la même manière dans cette variété que dans les autres; mais il faut, comme pour le rempotage, y procéder une quinzaine de jours plus tôt, c'est-à-dire vers la fin d'août, ou au plus tard dans la première semaine de septembre. Les plantes rabattues ont ainsi le temps de bien reprendre avant l'hiver, tandis que les jeunes pousses trop tardives sont sujettes à moisir et à périr pendant la mauvaise saison.

Si les plantes avaient été rempotées au mois d'août, on pourrait se dispenser de recommencer ce travail en automne, et on n'y procéderait qu'au mois de mars suivant. Ce dernier mode nous paraît même préférable; car, s'ils ont été rempotés un mois avant d'être rabattus,

et je commence à leur donner la forme qu'elles doivent prendre, en imprimant aux rameaux une direction convenable.

« En décembre et janvier, celles qui me paraissent assez fortes pour être transplantées sont mises dans des pots n° 16, dans lesquels elles restent jusqu'après leur floraison.

« Vers le millieu de juillet ou le commencement d'août, je les écime et les place en lieu ombragé, et lorsque les nouvelles pousses ont à peu près un pouce (0^m 25) de longueur, j'enlève presque toute la terre qui enveloppe les racines, et je les rempote en terre neuve dans des pots de même grandeur (n° 16); puis, au fur et à mesure, j'éclaircis les pousses avec soin.

« Dans l'orangerie, les plantes qui doivent figurer aux expositions sont placées à quatre pieds (1^m 20) de distance les unes des autres, et les panneaux sont ouverts toutes les fois que le temps le permet.

« En novembre, la végétation s'arrête; des tuteurs sont alors placés dans les endroits nécesaires pour maintenir les jeunes branches dans des directions convenables. Alors aussi j'éclaircis le feuillage, afin de permettre à l'air de circuler librement dans le massif de la plante.

« En décembre et janvier, je choisis les plus forts sujets, et je les plante dans des pots n° 8. Je commence à employer la chaleur artificielle pour hâter le développement des racines.

« En février, les plantes sont seringuées pendant l'après-midi, mais toujours assez tôt pour qu'elles puissent être ressuyées avant la nuit.

« En mars, je les rempote de nouveau, mais dans des pots n° 2, et j'arrose copieusement. Ces arrosages continuent par la suite.

« Lorsque les fleurs commencent à s'ouvrir, j'ombrage avec un canevas ou toile claire, placé en dehors de la serre, et je laisse un libre accès à l'air, avant que le soleil soit dans toute sa force, ce qui est un des meilleurs moyens pour prévenir les attaques du puceron vert.

« Quant à toutes les opérations consécutives ou simultanées, leur succès dépend de la manière dont on use de la chaleur artificielle. Dans ma culture, le feu est allumé entre trois et quatre heures du soir, et on le laisse aller jusque vers neuf ou dix heures; puis on allume de nouveau vers trois ou quatre heures du matin. La température, pendant la nuit, est de + 4.50 à 5.50 degrés centigrades.

« Voici comment je prépare la terre dans laquelle je cultive les *Pelargonium*. Je prends une certaine quantité de *loam* (terre franche) que je découpe en petits fragments et que je mets en tas. Ce tas est entièrement recouvert, en forme de meule à champignons, de litière d'étable fraîche. J'ajoute à cela environ un tiers de la masse totale de bouse de vache. Si le temps est sec, je mouille abondamment le fumier, et j'enveloppe le tas avec des ardoises, pour empêcher l'écoulement des parties liquides et prévenir le dégagement de l'ammoniaque. Je laisse le compost dans cet état pendant quinze ou seize jours, temps suffisant pour qu'une fermentation convenable se soit effectuée. Ensuite je mélange le tout à une égale quantité de terreau frais, et, lorsque le mélange est bien complet, je recouvre tout le tas d'une certaine épaisseur de terre franche. Au bout d'un mois ou de cinq semaines, ce tas est retourné trois ou quatre fois, afin qu'il y ait mixtion bien intime de toutes les parties. Ce compost est alors abandonné à lui-même pendant un an environ, et sa préparation étant alors achevée, il est propre à être employé. A deux brouettées de compost j'ajoute une brouettée de terreau de feuilles et une douzaine de litres à peu près de sable blanc. »

CHAPITRE VI.

Culture des Pelargonium zonale (fig. 6) et inquinans.

La manière de cultiver ces plantes en pots est la même que celle que nous avons indiquée pour les *Pelargonium* à grandes fleurs, p. 69. Cependant on peut opérer ici à l'air libre, depuis le moment où les gelées ne se font plus craindre jusqu'à l'époque de la rentrée en serre. Quoi qu'il en soit, lorsqu'on veut être assuré d'une belle floraison, lorsqu'on tient à avoir des fleurs bien fraîches, il est préférable de recourir à la méthode ordinaire, c'est-à-dire de les mettre sous verre, et c'est ainsi que nous engageons les amateurs à les cultiver. Nous n'ignorons pas que les variétés de ces deux espèces sont en général destinées à former des groupes ou massifs ; mais il n'en reste pas moins vrai que, parmi elles, il n'en existe qu'un très-petit nombre, dix ou douze peut-être, qui soient véritablement propres à remplir le but que l'on se propose en les multipliant. Les autres demandent une culture soignée, qui ne peut leur être appliquée qu'autant qu'elles sont cultivées en pots.

Si, en effet, on examine avec un peu d'attention les variétés cultivées en pleine terre, on s'aperçoit bientôt que l'on se meut dans un cercle fort étroit. Nommons, dans la section des rouges, les *P. Tom Pouce, Multiflore, Frogmore, Scarlet,* etc. ; dans les roses, *Beauté des parterres, Beauté de Suresnes, Roseum Nanum,* etc.; dans les blancs, *Madame Vaucher, Com-*

Fig. 6. — Pelargonium zonale.

tesse de Chambord, White Tom Thumb, etc.; dans les oranges, *Eugénie Mézard, Gloire de Corbeny, Saint-Fiacre,* etc.; puis vient la section des *Nosegay ;* si les fleurs sont moins perfectionnées, les plantes ont l'avantage d'avoir de très-forts bouquets de fleurs et d'être très-florifères. Quelques variétés sont adoptées pour massifs. Il existe déjà plusieurs nuances, et cette section s'améliore beaucoup par les semis ; les fleurs deviennent plus belles. Nous citerons *Pink Pearl, Cagliostro, Caméléon, Massena ;* puis *Harry Hieover,* plante naine d'un rouge vermillon ; puis *lady Cullum,* rose vif ; ces deux variétés peuvent servir pour bordures.

Depuis quelques années, l'on cultive quelque variétés à fleurs doubles ; mais jusqu'ici, elles doivent être cultivées en serres, notamment la variété *Gloire de Nancy,* qui est superbe. Espérons que les semis nous donneront de nouveaux coloris et des plantes plus florifères, qui pourront être utilisées pour l'ornement des jardins.

Une autre section très-intéressante comprend les *P. zonale* à feuilles panachées. Parmi les cinquante ou soixante variétés déjà cultivées, huit à dix variétés peuvent être employées avec succès pour la décoration des jardins ; nous signalerons entre autres : *Bijou, Flower of the Day, Mistriss Pollok, Glow-Worm, Golden chain, Sunset.* Pour la bonne réussite de la plantation, il faut préparer le terrain, c'est-à-dire rendre la terre légère et douce, en ajoutant (si la terre est trop compacte) soit du sable fin siliceux, du bon terreau ou de la terre de bruyère.

Pour les variétés plus délicates, il importe de les cultiver en pots dans une serre bien aérée, sans les ombrager. Rien n'est si joli que ces belles panachures zonées de rose, de jaune, d'orange, de carmin, etc. Les variétés les plus remarquables sont : *Mistriss Benyon, Italia unita, Amy, The little Pet, Lucy Grieve, Lady Cullum, Sophia Cusack,* etc.

L'on peut multiplier les *Pelargonium zonale* toute l'année ; mais la meilleure époque est de mars à septembre. Les personnes qui multiplient ces plantes en quantité pour l'ornement des jardins devront faire les boutures du 15 août au 15 septembre ; un mois plus tard environ, il faudra les rempoter dans des pots de 7 à 8 centimètres, en ayant soin de les pincer quelques jours après le rempotage. Alors les jeunes plantes seront assez fortes pour passer l'hiver. En mars ou avril, elles seront rempotées de nouveau dans des pots de 10 à 12 centimètres ; puis, s'il est possible, on les mettra sur des couches tièdes et sous châssis, et on en opérera le pincement, s'il y a lieu. Il est bien entendu que l'on donnera de l'air au châssis pendant les belles journées ; et même, vers la fin d'avril, on retirera les châssis, afin de les acclimater. Enfin, on les préparera pour les mettre en place du 10 au 25 mai.

Quant à la manière de grouper ces plantes, elle est, sans contredit, soumise au goût du maître ; mais nous pensons que, pour qu'elles produisent tout leur effet, il faut avoir égard à leur taille et à leur nuance dans la manière de les disposer. Il est à remarquer que le rouge, dans ce genre, est presque toujours la couleur la plus recherchée.

CHAPITRE VII.

Parmi les espèces qui nous semblent mériter les soins des horticulteurs, nous mettons en première ligne le *P. unique.* (fig. 7). La beauté du coloris et l'abondance de ses fleurs, qui se succèdent pendant longtemps, nous paraissent justifier le rang que nous lui assignons. Plusieurs amateurs ont essayé d'en former des massifs ; les uns ont réussi, tandis que les autres ont échoué. Cela tient probablement à la nature du terrain dans lequel on l'avait planté. Ceux qui ont éprouvé un échec doivent sans doute l'attribuer à la richesse du sol qu'ils avaient à leur disposition. Et ceci n'est point un paradoxe : dans un sol de cette nature, la végétation s'est développée avec trop de vigueur ; les parties ligneuses de la plante en ont profité au détriment de la floraison, tandis que le contraire est arrivé dans les terrains d'une nature moins féconde. Il est du reste facile de remédier à cet inconvénient en laissant la plante en pot et en enterrant les pots dans le massif même. Ce genre de culture a déjà réussi. L'acquisition de cette variété est précieuse pour l'horticulture.

Le *P. tricolor* nous offre une jolie miniature ; nous en possédons quatre ou cinq variétés, trop peu cultivées, à notre avis, sous le prétexte qu'elles sont délicates. Il serait cependant facile d'en obtenir de belles plantes en les traitant comme nous l'avons expliqué lorsque nous nous sommes occupé des *P. Fantaisie ;* seulement il faudrait les placer dans l'endroit le plus chaud et le mieux éclairé de la serre, c'est-à-dire près des vitrages, et les laisser ainsi passer l'hiver. Nous sommes convaincu qu'en suivant nos conseils on réussira ; seulement, au moment du rempotage, il faudra agir avec précaution, toucher peu aux racines, et employer de la terre de bruyère. On sera par la suite largement recompensé des soins que l'on aura pris.

Le *P. peltatum* est peu cultivé en France ; il peut cependant servir au palissage de petits treillages ; dans cette disposition, sa jolie verdure et ses fleurs produisent un effet agréable.

Fig. 7. — Pelargonium unique.

CHAPITRE VIII.

Terres, composts, engrais.

Les composts convenables aux *Pelargonium* peuvent
contenir des éléments divers ; les ressources offertes par
les différentes localités en font nécessairement varier la
composition. L'horticulteur anglais dont nous avons reproduit la note indique celui qu'il emploie avec succès.
Voici maintenant les éléments auxquels nous recourons
à Paris, et qui nous ont donné de bons résultats :

Un tiers de fumier de vache ;

Un tiers de feuilles ;

Un tiers de terre franche (terre normale).

Ces trois ingrédients sont mis en tas par lits en quantité
égale ; la mesure dont nous nous servons est la brouette.
Ainsi nous mettons successivement une brouettée de fumier, une brouettée de feuilles et une brouettée de terre
franche, jusqu'à ce que notre tas, auquel nous donnons
la forme carrée, ait atteint une hauteur de 1 mètre. On
l'abandonne d'abord à lui-même pendant trois ou quatre
mois ; après ce temps, on le retourne tous les mois ou
au moins tous les six semaines, en ayant soin de rendre
chaque fois à la masse sa forme primitive. Il faut un an,
ou à peu près, pour que ce compost soit arrivé au terme
de sa décomposition, c'est-à-dire pour qu'il soit réduit
en terreau. Ce n'est qu'au bout de ce temps que nous
l'employons à la préparation de la terre qui nous sert
au rempotage de nos plantes, et qui elle-même est com-
posée de la manière suivante :

Un tiers du compost que nous venons d'indiquer ;

Un tiers de bon terreau de feuilles ;

Un tiers de terre de bruyère, sableuse autant que possible.

Lorsque la quantité de terre dont nous pensons avoir besoin est ainsi préparée, nous y ajoutons environ 1/20 en volume de poudrette. La masse est alors mélangée aussi complètement que faire se peut, et ensuite passée au crible ou à la claie, afin de retirer les grosses mottes, dont la présence entraverait le travail du rempotage.

Nous engageons nos lecteurs à ne pas préparer ce dernier mélange trop longtemps à l'avance, et à ne pas en faire provision pour une année, par exemple ; il vaut mieux n'en disposer chaque fois que la quantité dont on prévoit avoir besoin pour le moment, sauf à en refaire trois ou quatre fois dans le cours de l'année, car il arrive souvent qu'il faut un peu modifier les bases que nous avons données. Ainsi, par exemple, lorsque nous préparons la terre dont nous avons besoin pour rempoter de jeunes boutures ou de jeunes plantes (premier et deuxième rempotages), nous rendons notre terre plus légère, c'est-à-dire que nous forçons la proportion de terre de bruyère ou de sable. La même nécessité se présente au moment du rempotage des *P. Fantaisie ;* nous mettons alors dans notre mélange un quart en sus de terre de bruyère.

En thèse générale, on doit employer pour les plantes formées, et notamment pour les rempotages de printemps, une terre plus riche et plus consistante que pour les jeunes plantes et pour les rempotages d'automne. Quant au bouturage, soit en pots, soit en terrines, nous nous servons presque exclusivement de terre de bruyère pure, parce que c'est celle qui retient le moins d'humidité.

CHAPITRE IX.

Arrosements et bassinages.

Les *Pelargonium,* comme presque toutes les plantes
à tissu mou, aiment à recevoir d'abondants arrosages
pendant la période de leur végétation. Il faut donc, lorsque le soleil d'avril et de mai fait sentir un peu vivement
son influence, et lorsque la serre est bien aérée, inspecter ses plantes au moins tous les jours, et, mieux encore,
deux fois dans l'espace de vingt-quatre heures, et arroser celles qui paraîtront en avoir besoin. Mais il ne faut
pas se borner à verser de l'eau sur le pied de l'arbuste,
comme on le fait ordinairement; il faut s'assurer que
l'eau pénètre partout, et que la terre dans laquelle il végète est mouillée aussi bien au fond du pot qu'à la surface. Pour cela, on prend une plante par-ci par-là, on la
renverse et on la dépote ; puis on la remet en place lorsqu'on a vu que les arrosements on produit leur effet.
Si, au contraire, l'eau n'a pas pénétré jusqu'au fond de
la motte, on donne un nouvel arrosement, et on répète
la même manœuvre jusqu'à ce que l'on soit parvenu à
son but. Il arrive plus souvent qu'on ne le croit que l'eau
des arrosements s'écoule sans imbiber la motte de terre
qui enveloppe la plante, et c'est là un grand inconvénient,
car lorsqu'il se produit, l'arbuste végète mal, ou même
quelquefois toute la végétation s'arrête.

Nous avons vu quelques personnes arroser trois ou
quatre fois leurs *Pelargonium,* pour les mouiller bien
à fond ; nous n'approuvons pas cette méthode, et nous

aimons mieux arroser deux fois par jour, pendant trois ou quatre journées consécutives. Par ce moyen, la transition de la sécheresse à l'humidité est moins brusque, et l'on évite de tenir dans une sorte, de boue liquide les arbustes qui se trouvaient auparavant dans un sol durci par la sécheresse.

Après le rabattage d'automne ou d'été, il est nécessaire de modérer notablement les arrosages. En effet, lorsque le rabattage est un peu sévère, les racines n'ont plus rien à alimenter, puisque les rameaux sont retranchés. Il faut donc ne donner que peu d'eau à la fois, et lorsque la sécheresse trop grande de la terre peut compromettre l'existence de l'arbuste. Souvent même, lorsque le rabattage d'automne est opéré, lorsqu'il survient des pluies un peu abondantes, on est obligé de renverser les pots pour éviter une trop grande humidité ; mais il est bien plus prudent de les mettre dans la serre ou sous châssis, pour prévenir la pourriture qu'une humidité surabondante ne manquerait pas d'entraîner à sa suite.

En règle générale, il ne faut pas rempoter les plantes lorsque la terre qui les contient est trop sèche. Il faut donc, lorsqu'on se propose de procéder au rempotage, et trois ou quatre heures avant cette opération, passer la revue de ses plantes, et arroser légèrement celles qui en ont besoin. Voici la raison de cette manière d'agir. Lorsque la motte est trop sèche, la terre dont on se sert pour le rempotage l'emporte sur elle en humidité, et lorsqu'on arrose elle s'empare de l'eau qu'on verse, sans lui laisser le temps de pénétrer dans la motte, sur laquelle le liquide ne fait que passer. Le centre du pot ne profite alors en aucune manière de l'arrosage, et nous avons plus d'une fois vu périr des plantes sans autre cause que celle que nous indiquons. Il ne faut cependant pas non plus donner dans l'extrême opposé, et rempoter ses plantes lorsque la motte, récemment imbibée d'eau, ne présente qu'une espèce de boue ; on ne fait alors que de mauvaise besogne. On évite ces inconvénients en arrosant trois ou quatre heures avant le rempotage, l'eau ayant alors le temps d'imbiber suffisamment la motte, tandis que le liquide surabondant s'écoule par le fond du pot.

A partir du mois de novembre, et pendant ceux de décembre et de janvier, il faut être très-sobre pour les arrosements. Il est bon de passer tous les matins une revue de ses arbustes ; on arrose légèrement ceux dont la terre est très-sèche et dont les feuilles semblent vouloir se faner ; mais il faut que la terre soit plutôt sèche qu'humide. Au contraire, lorsque le soleil, en mars et en avril, adoucit la température, et que la végétation commence à se ranimer, il faut arroser abondamment, car la terre alors doit être plutôt humide que sèche. Pendant le reste de la saison, on les visite tous les jours ; mais lorsque des sécheresses un peu longues se manifestent, il faut faire cette visite deux fois par jour et arroser au besoin.

Dans les mois d'avril et de mai, lorsque la végétation a repris sa vigueur, et lorsque la douceur du temps le permet, les bassinages font le plus grand bien aux *Pelargonium*. Ces bassinages consistent en un léger arrosement des feuilles ; ils doivent être donnés vers neuf ou dix heures du matin ; ils empêchent les plantes de durcir, et peuvent être continués jusqu'au moment où commence la floraison ; mais il faut alors les supprimer complètement, car l'eau gâterait les fleurs sur lesquelles elle tomberait. Voilà pour les arbustes en serre. Quant aux *Pelargonium* en plein air, dans les mois de juin, de juillet et d'août, lorsque la sécheresse dure pendant quelque temps, les bassinages leur sont également très-favorables. On les donne vers les quatre ou cinq heures du soir, avec un arrosoir à pomme percée de trous très-fins.

Il faut avoir, autant que possible, de l'eau bien claire pour les bassinages ; celle qui contiendrait des substances étrangères pourrait, soit maculer les feuilles, soit y former un dépôt des matières qu'elle contient en solution ou en suspension. Or, avant tout, il faut que la feuille des plantes soit parfaitement propre.

La meilleure eau pour les arrosages est l'eau de pluie ou de rivière ; celle de certains puits peut aussi servir ; mais il en est d'autres qui ne conviennent en aucune manière. Il sera donc utile d'observer l'effet que produit celle dont on se sert habituellement, afin de la changer si les plantes paraissaient souffrir.

Nous aurions désiré, en nous occupant des arrosements, pouvoir entrer dans quelques détails sur les effets que certains ingrédients dissous dans l'eau produisent sur la végétation ; mais il faudrait faire de si nombreuses expériences, obtenir des résultats tellement certains, pour engager les horticulteurs à avoir recours à telle substance plutôt qu'à telle autre, que nous ne nous hasarderons pas à entrer dans cette voie. Nous savons parfaitement que les uns mettent dans l'eau destinée aux arrosements du fumier de vache ou de mouton; d'autre de la fiente de pigeon, de la poudrette, du guano, de la colle forte (500 grammes de colle forte dissoute dans 100 litres d'eau), du purin, et une foule d'autres choses. Or, comme chacun trouve son procédé meilleur que celui de son voisin, il faudrait faire une étude spéciale de chacun d'eux avant de se prononcer. Nous nous bornerons donc à dire ce que nous avons fait, sans prétendre que les autres procédés soient mauvais, mais en engageant toutefois nos lecteurs à n'y recourir qu'avec prudence et discernement.

Parmi toutes les substances que nous avons nommées tout à l'heure, le guano est celle à laquelle nous avons eu recours : 500 *grammes* de guano pour 100 *litres* d'eau nous ont paru une dose suffisante; encore n'arrosons-nous nos plantes avec ce liquide que pendant les mois d'avril et de mai, et deux fois par semaine seulement. Cette dose a réussi à leur donner une belle et vigoureuse végétation; en l'augmentant, on courrait le risque que nous avons signalé en parlant des plantes placées dans un sol trop riche. En effet, nous avons vu des *Pelargonium*, trop fortement poussés par les engrais, couverts de feuilles qui indiquaient la plus belle santé, ne donner que peu de fleurs, ou tout au moins des fleurs moins belles que ceux qui avaient été mieux ménagés. Nous engageons donc de nouveau les horticulteurs à n'user que modérément des engrais, et à bien observer l'effet produit par celui qu'ils emploient; car celui qui convient dans certains terrains ne convient pas dans tel autre, et réciproquement. La nature de l'eau, la position des plantes, une foule de causes qui varient d'un lieu à l'autre, peuvent faire que ce qui est bon d'un côté soit moins bon ou même mauvais de l'autre. Il faut ici que chacun expérimente pour son propre compte, d'abord relativement à la substance qui convient le mieux à ses plantes, ensuite à la proportion de cette même substance qui produit les résultats les plus avantageux.

CHAPITRE X.

1. *Distribution et exposition.*

Une des principales conditions pour réussir dans la culture des *Pelargonium* est d'avoir une serre bien appropriée à leurs exigences ; c'est pour faciliter la besogne à ceux qui voudraient s'adonner à cette culture que nous donnons la coupe de trois modèles de construction différents, dont, à la simple vue, il est facile d'apercevoir l'économie. La distribution intérieure n'est point arbitraire, et nous ne connaissons point de disposition préférable à celle que nous indiquons. En effet, dans les serres représentées par les figures 8 et 9, toutes les plantes, placées sur des tablettes ou des gradins, reçoivent la lumière directement. Quant à la longueur et à la largeur, elles sont naturellement facultatives, et doivent être subordonnées à la quantité de plantes qu'on se propose de cultiver.

La meilleure exposition est celle du midi ; cependant, quand on est gêné par la disposition du terrain, l'exposition du sud-est ou du sud-ouest, quand il s'agit de serres à une pente, peut donner de bons résultats.

Quant aux serres à double pente (fig. 10), on peut les placer, dans le sens de la longueur, du levant au couchant, de manière que leurs faces regardent l'une le nord, l'autre le midi ; mais quand il n'y a point d'obstacle qui s'y oppose, il est bien préférable de les orienter

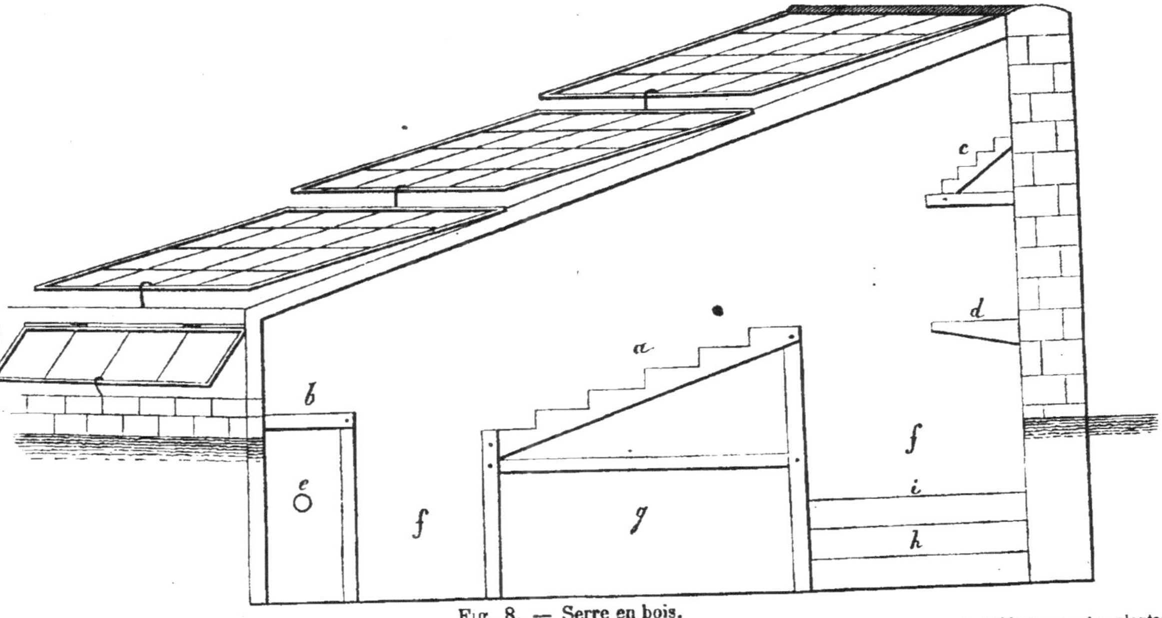

Fig. 8. — Serre en bois.

a. Gradins pour les fortes plantes. — b. Tablette pour les plantes moyennes. — c. Petits gradins pour les jeunes plantes. — d. Tablette pour les plantes moyennes ou défectueuses. — e. Tuyau de chauffage. — f. Chemins de service. — g. Dessous des gradins, qu'on peut employer à hiverner des arbustes à feuilles persistantes, ou utiliser d'une autre manière. — h. Escalier. — i. Marche de l'escalier au niveau des chemins. — j. Petit châssis ouvert.

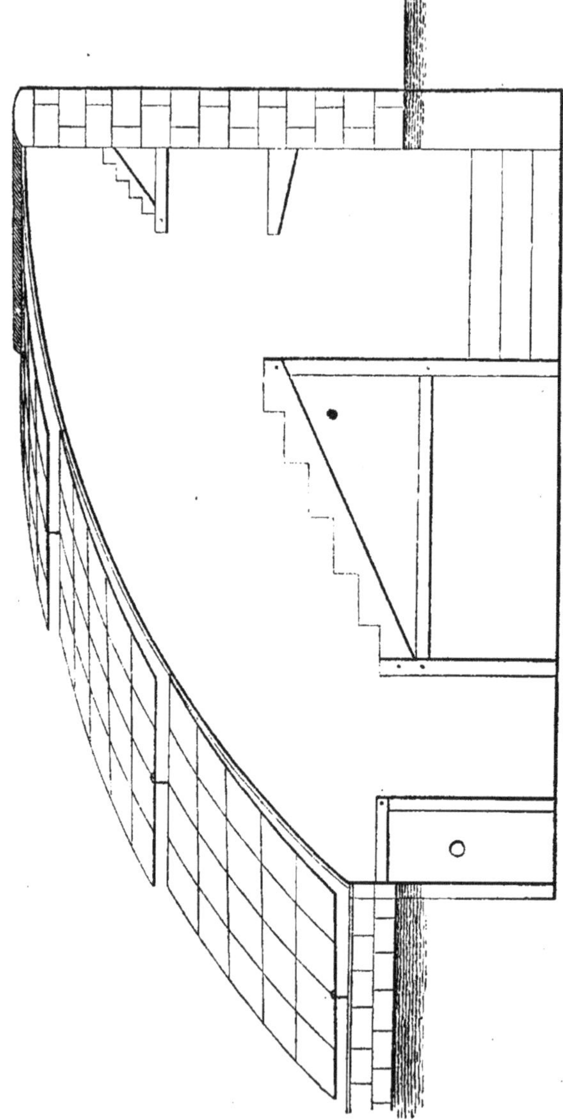

Fig. 9. — Même modèle que le précédent, mais où le fer remplace le bois.

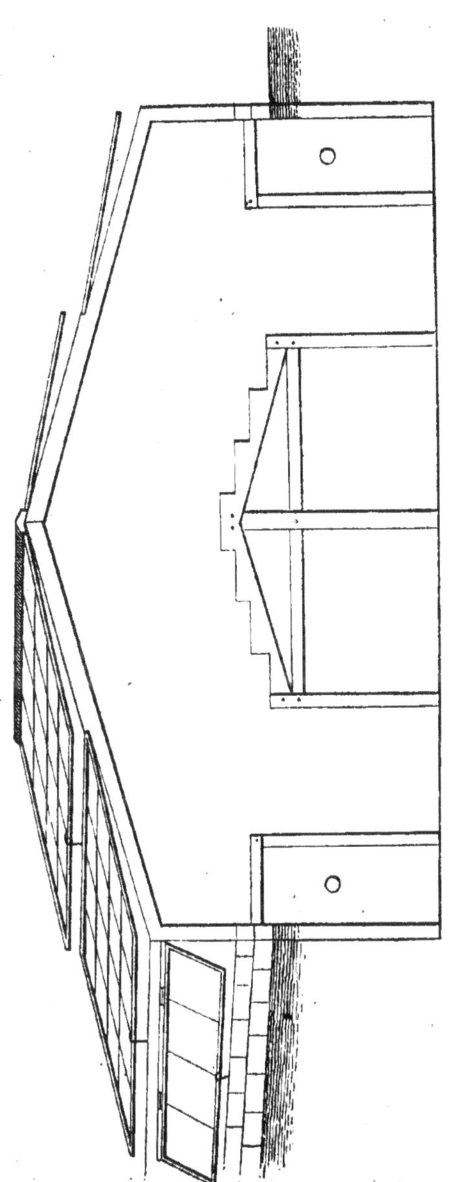

Fig. 10. — Serre à deux pentes.

de telle sorte qu'une de leurs pentes soit tournée vers l'est et l'autre vers l'ouest. On arrive ainsi à procurer aux plantes, pendant l'hiver, toute la lumière possible, dont on sait qu'elles sont très-avides. Il faut éviter, par la même raison, de les placer dans le voisinage, ou, si l'on veut, de planter, dans le voisinage des serres, des arbres susceptibles de prendre un développement un peu considérable, car ils pourraient produire une ombre qui contrarierait beaucoup le développement des *Pelargonium*.

Sans nous prononcer en dernier ressort sur la préférence à donner au bois ou au fer dans la construction des serres, nous ne dissimulerons pas que, pour notre compte, nous préférons le bois ; cependant une serre en fer, bien conditionnée, suffisamment chauffée, peut donner de bons résultats. Nous avons adopté, pour la construction de nos châssis, les cadres en bois et les traverses en fer (nous nommons *traverses* ou petits montants la partie sur laquelle est fixé le vitrage) ; on obtient ainsi tout à la fois plus de solidité et plus de lumière.

2. — *Chauffage et aérage.*

Beaucoup d'horticulteurs s'imaginent encore, de nos jours, que le *Pelargonium* étant une plante molle, on ne doit chauffer la serre qui le renferme qu'autant que cela est nécessaire pour empêcher la gelée de s'y faire sentir. C'est une erreur. En effet, si l'on chauffe une serre dans laquelle les plantes sont entassées les unes sur les autres, et dont il ne soit pas possible de renouveler facilement l'air, les plantes s'étioleront, ou tout au moins pousseront à contre-saison ; mais si on a suivi la marche que nous avons indiquée, c'est-à-dire si on a convenablement espacé ses plantes, si on les a tenues bien propres, il faudra chauffer souvent, non seulement quand le temps sera à la gelée, mais même lorsqu'il sera couvert ou qu'il fera du brouillard. La seule chose nécessaire, c'est de donner, toutes les fois que l'état de l'atmosphère le permettra, le plus d'air possible ; ce soin est très-important. Il n'existe que trop d'horticulteurs qui, lorsque le soleil se montre après une nuit de gelée, se refusent à ouvrir leurs panneaux, afin d'emmagasiner, pour ainsi dire, cette chaleur pour la nuit suivante. S'ils procédaient d'une manière opposée, ils ne tarderaient pas à se convaincre qu'en agissant comme ils l'ont fait jusqu'ici, ils ont suivi la marche la plus contraire à leurs intérêts. Ainsi donc, il faut donner de l'air souvent, le laisser librement circuler tant que la gelée n'est pas à craindre, et chauffer lorsque l'abaissement de la température en fait sentir la nécessité.

En aérant et en chauffant tour à tour, la serre est assainie ; les plantes, dont la chaleur artificielle accélère la végétation, au lieu de s'étioler, sont munies de pousses vigoureuses ; la moisissure ne les attaque pas, et elles portent de belles feuilles, tandis que celles qui ont passé l'hiver dans une serre mal aérée en sont plus ou moins complètement dépourvues. Mais de l'air sans chaleur ou de la chaleur sans air ne remplissent pas le but : il faut la réunion des deux choses lorsqu'on veut arriver à de bons résultats.

Nous devons recommander ici d'user pour les *Pelargonium* de la précaution qu'on prend en général, de couvrir la serre de paillassons pendant la nuit lorsque le temps est à la gelée. Mais ce qu'il faut éviter, c'est d'imiter également la routine qui porte un trop grand nombre d'horticulteurs à laisser les paillassons à demeure pendant plusieurs jours, soit lorsqu'il est tombé de la neige, soit lorsque le temps reste couvert et brumeux. Il est très-important, dans la culture de ces plantes, d'enlever tous les jours, à moins d'événements extraordinaires, les paillassons pendant trois ou quatre heures, afin de leur permettre de jouir de la lumière. S'il fait froid, on chauffe de manière à empêcher la gelée de se faire sentir dans la serre. Agir autrement que nous ne le conseillons, c'est exposer les plantes à périr, car les *Pelargonium* ne peuvent pas vivre sans lumière.

La température de la serre à *Pelargonium* peut varier de + 2º à + 8º centigrades. Une chaleur plus vive exciterait prématurément la végétation, et si, par suite de l'abaissement de la température extérieure, on se trouvait dans l'impossibilité d'aérer, on n'aurait que des pousses étiolées, qui ne résisteraient ni à un refroidissement, ni à un excès d'humidité.

L'excès d'humidité est, du reste, un des inconvénients les plus à craindre pour l'arbuste qui nous occupe, et nous sommes surpris que l'horticulteur anglais dont nous avons reproduit la note n'en ait pas signalé les dangers. Nous sommes en mesure de suppléer à son silence, et nous dirons qu'en Angleterre, au lieu de recourir à une serre spéciale, beaucoup d'amateurs font hiverner leurs *Pelargonium* sous des châssis froids disposés pour les recevoir.

Mais si cette méthode offre quelques avantages, elle a aussi de graves inconvénients : d'abord elle exige beaucoup de soins et une surveillance quotidienne ; ensuite il faut observer pour les arrosements des règles qu'on peut formuler ainsi : ne jamais donner d'eau si la terre qui entoure les racines n'est réduite en poussière par la sécheresse ; n'employer pour les arrosements qu'un arrosoir à bec, afin de ne pas mouiller les feuilles ; ne donner que peu d'eau à la fois et recommencer souvent.

La moisissure, qui se montre quelquefois dans les serres, est bien plus à redouter dans les châssis ; il faut la combattre par tous les moyens possibles, car elle est mortelle pour les *Pelargonium*. On y arrive sans trop de difficulté en garnissant le fond du châssis d'une couche un peu épaisse de mâchefer ou de sable qui absorbe l'eau des arrosements, ou, mieux encore, en creusant plus profondément le sol et en posant les plantes sur des planches soutenues par des pots renversés.

Au retour du mois de mars ou d'avril, lorsque la chaleur du soleil a suffisamment adouci la température pour que l'on puisse se dispenser de chauffer, il faut donner beaucoup d'air, même la nuit, à moins que l'on n'ait à craindre le retour subit du froid ou que le temps ne soit brumeux. Dans ce cas, on remet les châssis ou les panneaux, et l'on arrive ainsi à l'époque de la floraison, sur laquelle nous n'avons rien à ajouter.

3. — *Ombrage.*

Les *Pelargonium* ne doivent être ombrés que pendant leur floraison, comme nous l'avons dit en parlant de celle-ci ; cependant, lorsqu'il survient, en mai ou juin, de ces coups de soleil qui brûlent tout ce qui y est exposé, il est prudent de jeter une toile sur la serre pendant les trois ou quatre heures les plus chaudes de la journée ; mais il ne faut recourir à ce moyen qu'à la dernière extrémité, car lorsqu'on a commencé il faut continuer. Alors quelquefois les plantes s'étiolent, et leur floraison ne répond pas aux espérances que leur apparence primitive avait fait concevoir. Il vaut mieux augmenter la circulation de l'air que d'ombrer ; on paralysé ainsi les effets d'une trop grande chaleur, et on évite un travail qui ne laisse pas que de demander un certain temps.

CHAPITRE XI.

Insectes qui attaquent les Pelargonium.

Ces plantes n'ont pas d'autre ennemi sérieux que les pucerons, dont il n'est pas très-difficile de les débarrasser en recourant aux fumigations de tabac. Lorsqu'en visitant la serre on aperçoit quelques arbustes qui en sont attaqués, on les enlève et on les place sous un châssis que l'on ferme hermétiquement; puis on couvre le châssis de paillassons, et, au moyen d'un fumigateur, que tous nos lecteurs connaissent à coup sûr, ou l'emplit de fumée de tabac. On doit, autant que possible, faire cette opération le soir et la recommencer le lendemain matin, car il est rare que tous les pucerons soient détruits du premier coup. Une heure ou deux après, on reprend ses plantes pour les remettre à leur place, après avoir préalablement pris soin de les secouer et de nettoyer la superficie des pots, qui doit être couverte de pucerons morts ou expirants.

Dans le cas où l'on n'aurait pas de châssis à sa disposition, ou encore si un grand nombre de plantes se trouvaient attaquées, on pourrait opérer dans la serre elle-même. Pour cela on remet tous les panneaux, on calfeutre soigneusement tous les joints et toutes les ouvertures, et on couvre la serre de paillassons. On prépare alors un ou deux réchauds contenant du charbon bien allumé, que l'on introduit dans la serre, et on projette sur le charbon une quantité de tabac proportionnée à l'étendue du local. Il faut avoir soin, en sortant, de bien calfeutrer la porte; la serre alors ne tarde pas à se remplir de fumée qui tue les pucerons; mais il faut ici, comme lorsqu'on opère sous les châssis, faire l'opération le soir et la recommencer le matin, pour être certain d'être débarrassé de ces parasites pour un certain laps de temps. Lorsque l'opération est terminée, on passe la revue de ses plantes, on les secoue, on les nettoie, on enlève les feuilles jaunies, etc. ; puis on donne un coup de brosse aux gradins, un coup de balai au sol, et la serre se trouve ainsi complètement débarrassée (1).

Nous devons encore signaler, parmi les ennemis des *Pelargonium*, une chenille verte qui, pendant l'été, s'abat sur les jeunes feuilles qu'elle dévore; mais ici nous n'avons point de moyen curatif à donner, ou, pour mieux dire, nous n'en connaissons qu'un seul : c'est de lui faire une chasse impitoyable, et de détruire tout ce qui tombe sous la main. Avec un peu de persévérance, on ne tarde pas à se défaire complètement de cet hôte incommode et dangereux.

(1) Voir aussi (*Revue horticole,* numéro du 1er juillet 1854) un article de M. Milne-Edwards, sur la destruction des pucerons par la vaporisation de la *benzine.*

CHAPITRE XII.

Liste des Pelargonium les plus remarquables.

Pour nous conformer aux désirs d'un grand nombre d'amateurs, nous terminerons cet opuscule par une liste des *Pelargonium* dont la beauté mérite d'attirer spécialement l'attention. M. Naudin, notre savant collaborateur, a décrit la famille des Géraniacées avec le langage de la science ; nous nous bornerons à classer les *Pelargonium* selon les usages horticoles, car nous n'avons pas à nous occuper des autres genres qui composent cette famille. Les horticulteurs ont formé de toutes les espèces certains groupes conventionnels, qui sont généralement admis par tous ceux qui s'occupent de la culture de ces plantes ; ainsi, en parlant de telle ou telle espèce ou variété, on demandera si elle appartient au groupe des *Pelargonium à grandes fleurs*, ou à celui des *Pelargonium fantaisie*, ou bien encore à celui des *Pelargonium zonale*. C'est à cette méthode que nous nous conformerons, afin de faciliter aux amateurs, accoutumés à cet ordre arbitraire, les choix qu'ils pourraient vouloir faire dans notre énumération.

La liste que nous donnons ne contient que le nom des plantes de choix connues depuis quatre ou cinq ans dans le commerce, et ne s'arrête qu'aux gains les plus récents. Beaucoup d'horticulteurs, d'amateurs même, la trouveront incomplète ; mais nous n'avons ni l'intention, ni le désir de donner un catalogue complet, ce qui serait probablement très-long, difficile, pour ne pas dire impossible, et par-dessus tout inutile. Nous ne signalons que les plantes d'un vrai mérite, dont la floraison s'est opérée sous nos yeux ; non pas que nous prétendions qu'il n'y en ait, parmi les autres, aucune qui puisse leur être comparée ; mais, ne les ayant pas vues, nous croyons plus prudent de nous abstenir. D'ailleurs, celles qui sont véritablement remarquables ne manqueront pas, malgré notre silence, de venir prendre dans nos jardins la place due à leur mérite.

VARIÉTÉS A GRANDES FLEURS, CINQ MACULES, *Diadematum*.

Adonis (Duval).
Alphonse Duval (Duval).
Alabama (Foster).
Anna Duval (Duval).
Archimède (Duval).
Augustine Richard (Duval).
Belle Gabrielle (Duval).
Belle Milanaise (Duval).
Brunette (Turner).
Calypso (Malet).
Céline Malet (Malet).
Charles Rouillard (Dufoy).
Charles Turner (Hoyle).
Comte de Gomer (Duval).
Cuvier (Malet).
Décision (Hoyle).
Desdemona (Fellow).
Docteur Blanchet (Duval).
Duchesse d'Ayen (Malet).
Duchesse de Morny (Malet).
Edmond Boissier (Duval).
Elvire (Mallet).
Elegans (Foster).
Emile Chaté (Malet).
Endymion (Malet).
Eugène Guenoux (Duval).
Flore (Duval).
Garibaldi (Duval).

Général Fleury (Duval).
Gladiateur (Foster).
Gloire du Petit-Bicêtre (Duval).
Guillou Mangili (Lemoine).
Gustave Malet (Malet).
Jeanne d'Arc (Malet).
Jewess (Foster).
Jupiter (Malet).
Lady of quality (Hoyle).
Le Vésuve (Duval).
Louise (Malet).
Louise Lefèvre (Duval).
Louise Rouillard (Malet).
Mme Alizet (Duval).
— André Dreux (Duval).
— Armand Leseble (Duval).
— Bezaut (Duval).
— Ch. Keteleer (Malet).
— Chauvière (Malet).
— Ed. Gast (Lemoine).
— Lausezeur (Duval).
— Leroy (Duval).
— Thibaut (Malet).
Maréchal Vaillant (Duval).
Marquis de Toulongeon (Duval).
Marquise de La Ferté (Malet).
Mademoiselle Berger (Duval).
Marion (Foster).

Monsieur Cb. Binder (Duval).
— Boucharlat (Duval).
— Chauvière (Malet).
— Dufoy (Malet).
— Lucy (Malet).
— Malet (Malet).
— Mazel (Malet).
— Rendatler (Duval).
— Rouillard (Malet).
— Warocqué (Duval).
Nabob (Hoyle).
Nigricas (Duval).
Nemesis (Duval).
Octavie Malet (Malet).
Pline (Malet).
Prince de la Moskowa (Duval).

Prince Jérôme (Duval).
Purpurea (Foster).
Raphaël (Malet).
Rosa Bonheur (Malet).
Roseum (Duval).
Rubens (Malet).
Télémaque (Duval).
Thétis (Malet).
Theophraste (Duval).
Velleda (Duval).
Vicomtesse de Belleval (Duval).
Victorine Pinguard (Malet).
Victor Lemoine (Malet).
Vercingétorix (Duval).
Vulcain (Duval).

Variétés dites *Fantaisies.*

Adonis (Bull).
Ann Page (Turner).
Beauty (Turner).
Bella (Turner).
Clara Novello (Turner).
Cloth of silver (Hend.).
Clytie (Turner).
Contributor (Bull).
Countess of Waldegrave (Turner)
Decision (Turner).
Delicata (Ambrose).
Delight (Turner).
Duchess of Somerset (Turner).
Edgar (Turner).
Effie Deans (Turner).
Eleanor (Turner).
Eulalie (Turner).
Evelina (Malet).
Godfrey (Turner).
Henrietta (Bull).
Lady Boston (Turner).
— Craven (Turner).
— Hume Campbell (Hend.).
— Towers (Turner).
— Watson (Turner).

Lucy (Turner).
Mme Rougier (Turner).
— Sainton Dolby (Turner).
— Sontag (Ambrose).
Marguerite (Turner).
Marionette (Turner).
Master Harry (Turner).
Miss-in-her Teens (Turner).
Mistriss Dorling (Turner).
— Ford (Turner).
— Reynolds Hole (Turner).
Neatness (Turner).
Princess Helena (Turner).
Queen of Roses (Turner).
— superb (Hend.).
Reine du bal (Hend.).
Rachel (Malet).
Roi des Fantaisies.
Sarah (Turner).
Sweet Lucy (Hend.).
Silver Mantle (Turner).
Sylph (Turner).
Toilette de Flore.
The Rover (Turner).
Vulcain (Lemoine).

Variétés *inquinans* et *zonale.*

Nous avons classé ces variétés par couleurs, sans tenir compte des nuances légères qui les distinguent. Nous indiquons la couleur dominante, pour faciliter les amateurs à faire leur choix.

Blanc.

Comtesse de Chambord.
Emilie Vaucher.
La Vestale.
Madame Barillet.

Marie Mézard.
Snow Ball.
White Tom Thumb.

Rose.

Alexandra.
Beauté des parterres.
— de Suresnes.

Belle-Rose.
Gloire des Roses.
Henriette Renoult.

Rouge vif.

Diogène.
Boule de Feu.
Eblouissant.
Impérial.
Léonidas.
L'Etendard.

Les Misérables.
Marquis de Lambertye.
Monsieur Thiers.
Multiflore.
Président Réveil.
Victor Millot.

Rouge clair.

Christen Deegen.
Jules César.
Madame Léon Loisel.

Mon caprice.
Woodwardiana.

Orange foncé.

Baronne Haussmann.
Emile Licau.
Gloire de Corbeny.

Jean Valjean.
Madame Thibaut.
Saint-Fiacre.

Orange clair.

Beauty.
Belle-Hélène.
Gerardino.

Madame Dufour.
— Hery.
— Loussel.

Blanc à centre orange.

Emilie Carré.
Marie Labbé.

Madame Prudent Gaudin.
— Werlé.

Section des *Nozegay*.

Cameleon, carmin vif.
Baronne Staël, orange foncé.
Cybister, rouge vif.
Harry Hieover, écarlate minium.
Lady Cullum, rose foncé.

Masséna, rouge clair.
Mousseline, rose.
Napoléon, rouge sang.
Pink-Pearl, rouge carmin.
Rattazzi, rouge foncé.

A fleurs doubles.

Gloire de Nancy.
Ranunculiflora.

Triomphe (Lemoine).
— de Thumesnil.

VARIÉTÉS A FEUILLES PANACHÉES.

Amelia Halphen.
Amy.
Beauty of Guestwick.
Bijou.
Brillantissima.
Burning-Bush.
Butterfly.
Cheerfulness.
Constellation.
Edwinia Fitzpatrick.
Glow-Worm.
Goldem Hair.
— Ray.
— Tom Thumb.
Goldfinch.
Honeycomb.
Italia Unita.
Kenilworth.

Lady Cullum.
Lady of Shallot.
Lavinia.
Little Beauty.
Lucien Tisserand.
Lucy Grieve.
Mistriss Benyon.
— Pollock.
Quadricolor.
Rosy Queen.
Sophia Cusack.
Stella Variegated.
Sumbeam.
Sunset.
The Countess.
The Little Pet.
Venus.
Waverley.

Parmi les espèces diverses et leurs variétés, nous conseillons la culture des suivantes :

Unique Crimson.
— Lilac.
— Purple.
— Scarlet.
A feuilles de lierre (lateripes).
— rose.
— cramoisi.
— grande duchesse Maria.
— princesse Alexandra.
— Silver Gem.

Phymatanthus tricolor.
—   major.
—   pallida.
G'aucum grandiflorum.

—◆—

LISTE DES FIGURES.

TABLE DES MATIÈRES.

CULTURE DES *PELARGONIUM*.

Orléans, imp. de G. JACOB.